中国历代

男子服饰

王锡礼——著

江苏人民出版社

图书在版编目（CIP）数据

中国历代男子服饰 / 王锡礼著. -- 南京 ：江苏人
民出版社，2025．6．-- ISBN 978-7-214-30460-5

Ⅰ．TS941.742.2

中国国家版本馆CIP数据核字第2025ME1294号

书　　　　名	中国历代男子服饰
著　　　　者	王锡礼
项 目 策 划	凤凰空间／翟永梅
责 任 编 辑	刘　焱
装 帧 设 计	毛欣明
特 约 编 辑	翟永梅
出 版 发 行	江苏人民出版社
出 版 社 地 址	南京市湖南路1号A楼，邮编：210009
总 经 销	天津凤凰空间文化传媒有限公司
总 经 销 网 址	http://www.ifengspace.cn
印　　　　刷	雅迪云印（天津）科技有限公司
开　　　　本	710 mm×1 000 mm　1/16
字　　　　数	298千字
印　　　　张	15.5
版　　　　次	2025年6月第1版　2025年6月第1次印刷
标 准 书 号	ISBN 978-7-214-30460-5
定　　　　价	98.00元

（江苏人民出版社图书凡印装错误可向承印厂调换）

前言

服饰作为人类物质文化与精神文明的重要载体，不仅是身体的遮蔽和保护物，更承载了深厚的文化内涵。从广义上来说，服饰作为身体的遮蔽物，除了遮蔽躯干与四肢的衣服，还应当包括手足与头部的遮蔽物，以及延伸出来的服装配饰。最初，服饰的主要作用在于保暖、遮体及抵御外界环境的不良影响。但随着社会的发展，服饰逐渐被赋予了区分身份、阶级的功能，成为礼制的重要组成部分。除实用和礼制作用外，服饰的审美功能亦不可忽视。无论是颜色、材质，还是纹样，服饰的每一处设计都体现着不同时代的美学追求，反映着人们对美的不同理解与表达。

我国素有"礼仪之邦""衣冠王国"的美称。在漫长的历史进程中，传统服饰既如实地反映着古代物质水平提升、礼仪制度发展以及追求审美情趣的结果，因而呈现随时代变迁而变化的趋势；也同样推进着人们对社会生活理解视角的变化与工艺技术的进步，成为时代风尚的"预流"。

因为这变动不居的属性，加之古代对服饰这一"形而下"之物的熟视无睹、重文轻绘的历史传统，以及 20 世纪以来服饰急剧现代化的转变与断层，古代服饰常给人以复杂纷繁、雾里看花之感。好在随着近 40 年来学者们的逐步积累，目前对我国古代服饰的研究已经取得了足以拨云见日、登堂入室的成果。

从学术史意义上讲，沈从文先生称得上中国古代服饰系统研究的开拓者，1981年《中国古代服饰研究》一书的出版可谓开了中国服饰史学的先河。此外，1984年周锡保先生所著《中国古代服饰史》、1993 年孙机先生所著《中国古舆服论丛》，亦是第一代中国服饰史学者的研究成果。第一代学者的研究打破了过去完全依靠典籍记载讨论服饰的传统方式，推崇将图像与文字结合考证，对服饰做出更精准的识别，探讨服饰的演进。

21 世纪以来，随着更多文物的发现与考古资料的发表，新一代学者们得以从更专业的角度逐渐深入进行分类研究，尤其是对唐代和明代服饰进行了细致入微的识别与断代，取得了显著进展。同时，随着对传统文化的重视日深，民间高水平的研究者与爱好者也开始加入服饰研究的行列。他们通过自发复原古代服饰、开展线上线下讨论，极大地丰富了对古代服饰的解读并促进了其现代传播。

从学术史的脉络来看，服饰史与物质文化史是逐渐走向紧密结合的。然而，现阶段的研究仍然存在"卡片式"与"断代式"研究的倾向，即不同朝代的服饰研究常常是片段化的，缺乏对不同时期服饰之间的系统性、连贯性分析。这并不全然是服饰研究方法的问题，而是某种程度上受长期以来史学观念断代的偏好影响的结果。以唐代服饰为例，无论是撰写者还是读者，往往倾向于将有着两百年差距的初唐服饰与晚唐服饰合并理解，提取出"唐代服饰"这一模板，却忽略了仅隔数十年的北齐、北周、隋代服饰与初唐服饰的关系，或是五代、北宋初期服饰与晚唐服饰更紧密的相关性。

这种局限于对某一朝代或某一类服饰的描述，在服饰史研究越发走向细微与深入时，弊端显得尤为明显，这是由服饰本身作为物质的特性决定的。服饰，作为一种具有实用价值的物质，其首要属性是"穿"，这就决定了对服饰的研究不仅要关注其款式、色彩、材质和纹饰等表面特征，还需要理解剪裁这一核心理念以及随剪裁而出现的诸如拼布、打褶、开衩等有机统一的服装呈现效果。以明代袍服外摆结构的出现为例，从内摆向平出外摆的转化、从平出外摆向后摆的转化在发挥审美作用的同时，是同遮蔽的功能要求相关的，而外摆的向后倾向，又是受到布料力学作用的结果；明后期服饰后摆起始位置的改变，又是同明后期袖子的袖根位置变化共振的结果。

上述两个目前学术研究的问题，近年来引起越来越多的"实践派"学者和复原制作者的关注，中国古代服饰的研究，越发走向对内在逻辑与跨时代联系的探讨，注重定量分析、结构设计和制作工艺等方面的探讨。这同样也是本书的写作目的：虽然受制于通俗性书籍的表达性质，无法做出更为深入的工艺探讨，但仍希望打破片段化的写作思路，提供系统性的研究成果。本书并非仅仅停留在对某个单一朝代或个别服饰的描述，而是为读者提供一种不同时期服饰之间的系统性、连贯性分析脉络，研究探讨服饰变迁背后的多重因素，重点关注物质条件、礼制规范以及审美观念的变化。在这一脉络之中适当穿插易懂的服饰制作原理与实物分析，并且帮助读者更好地辨析相似与相异的服装样式，包括不同社会群体、不同场合和场景下的服饰搭配与使用差异，使读者对中国古代男性服饰的理解呈现出一个有机发展的整体图景。全书共分四章，大体依据历史演进时间，但并不以此为限来阐述各章内容，每一章都有探讨特定逻辑下的服饰及其发展、演变。

在介绍内容之余，还应当讨论本书的研究方法。从沈从文先生等老一辈学者起，对服饰的研究就重视实物、文献与图像相结合的逻辑，通过考古出土的实物资料，我们能够直观了解服饰的真实形态；通过历史文献的记载，我们可以理解这些服饰背后的文化与制度；通过图像资料，尤其是壁画、雕塑和绘画，我们能够重构古代服饰的整体使用场合与搭配方式。然而，物质资料的实然与历史文献的应然之间有时会存在不一致的情况，这可能源于不同地区、不同社会阶层或特殊时期的服饰差异，也可能是目前实物或文字证据尚有断裂或信息缺失的结果。因此，我们在分析时也会特别指出这些特殊现象，以帮助读者形成更为全面和立体的认识。文中部分图片转引自考古报告及论文，受限于篇幅在书末统一指出。

希望本书能够为广大读者开启一扇理解古代服饰文化与历史的窗户。

王锡礼

2025 年 6 月

目录

第一章　二部到一体：先秦与两汉服饰

第二章 对立中交融：从南北朝到唐末五代

第一章

二部到一体：先秦与两汉服饰

本章导读

　　本章探讨了从上衣下裳的二部式结构向一体化深衣过渡的过程，在这一时期，服饰的发展受制于布料纺织能力和工艺的客观限制，不同等级、身份的人的衣服之间的差异是不大的。"以冠统服"是主要的搭配逻辑，"冠"是人的身份的重要识别标志，因此在介绍衣服之外，对冠和各类首服也进行了介绍。

　　上衣下裳是中国古代服饰中最早作为制度出现的类型，在夏商周三代中，搭配蔽膝和组玉佩等配饰成为身份尊贵的象征。然而，上下一体的深衣因其便利性逐渐改变了上衣下裳作为服饰主流的格局，成为战国到秦汉时期通行的男性服装。但是，深衣的流行并未使上衣下裳的服饰被彻底遗弃，这样的二部式的服装反而被保留在历朝历代最正式、最庄重的礼服制度之中。在本章的最后一部分，对历代冕服及其演变思路进行了阐述。

第 一 节
二部式服饰的产生及礼制规范

一、从遮蔽到仪礼的蜕变：原始的上衣下裳

（一）服饰的出现：从实用到美观

　　服饰是随着人类对保暖、遮羞的实际需求发展而来的，最早的服饰只是利用一些现成的、易得的简单材料制作而成，能够包裹住身体即可。西汉戴圣《礼记》中就记载了昔者"未有麻丝，衣其羽皮"，南朝宋范晔《后汉书·舆服志》中也讲到上古先民"衣毛而冒皮，未有制度"。

1. 针，服饰出现的凭证

　　早期的服饰由于受地理、气候等因素影响，很难保存至今，但根据从多处遗址中出土的打磨光滑、前端尖细、后端扁平且开有钻孔、能用于缝纫的骨针，可以推断出当时的人们已经掌握了初步的服装制作技术。从目前的出土实物看，我国最早的骨针出现在旧石器时代晚期，辽宁海城小孤山遗址（出土 3 枚）、北京周口店遗址（出土 1 枚）、江西仙人洞遗址（出土 7 枚）等均有出土。据调查表明，中国有138 个史前考古遗址出土骨针，数量多达 1619 枚。随着制作技术的进步，骨针的尺寸规格变多，表明人们逐渐可以加工更多不同厚度、不同质地的纺织材料。

▲ 辽宁海城小孤山遗址出土的骨针线图　　　　▲ 北京周口店遗址中出土的骨针

2. 贯头衫，早期的服饰

　　随着针的出现，线的加工、利用也走上了历史舞台。先民从简单利用一些唾手可得的长纤维开始，逐渐发展出通过续接短纤维的方式捻线并以此织布的技术，这样就可以按照自己的意愿进行简单剪裁，初始版本的衣服"贯头衫"就此诞生。

这种衣服的制作思路非常简单，将一整块面料对折，然后在对折处挖出领口即可。穿着时只需把头套进去即可，有时也会在腰间搭配使用腰带来固定。这类衣物的穿着形象在出土的早期人物纹彩陶罐上可以见到。

▲ 早期简单的衣服——贯头衫
① 甘肃辛店遗址出土新石器时代彩陶罐上的人物形象
② 新疆哈密天山北路墓地出土彩陶罐上的人物形象

从出土的这一时期的服饰实物来看，人们往往会使用两幅布料对接而成衣身，有时也会不缝合前襟的中线，使得原来套头而穿的衣服成为一件对襟的、便于穿脱的外套。因为衣身足够宽大，所以在紧紧包裹身体时，这种对襟会产生斜交在前身的效果——初始的衣衽的概念便诞生了。

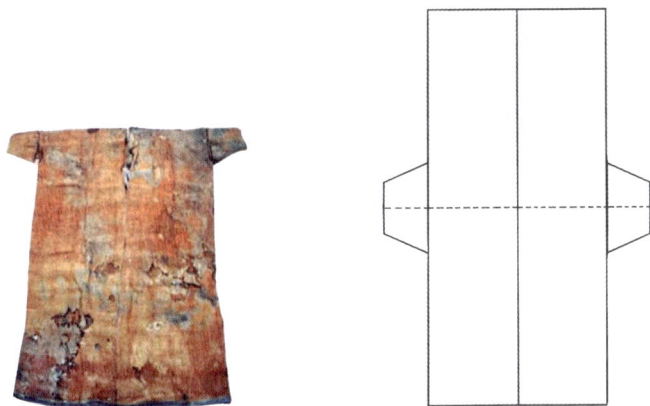

▲ 新疆哈密五堡墓群出土对襟外套及裁片结构示意图
　该墓群距今 3200 多年，是原始社会晚期氏族公社墓地

◄ 俄罗斯南西伯利亚巴泽雷克墓地出土套头短衣
此件衣服出现在公元前 4—前 3 世纪，同类型的服饰
在公元 2—3 世纪新疆洛浦县的山普拉古墓群中也有发现

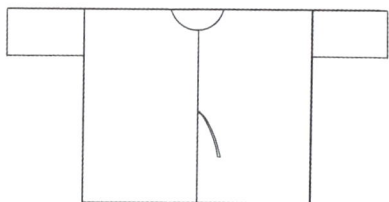

▲ 新疆且末县扎滚鲁克古墓群出土，白地棕
条纹毛布短上衣及线图，公元前 8—前 5 世纪

▲ 如今台湾达悟族原住民还在穿着的用类似剪裁方式制作的衣服

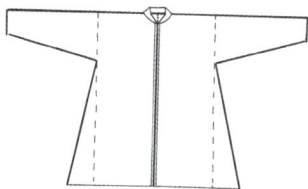

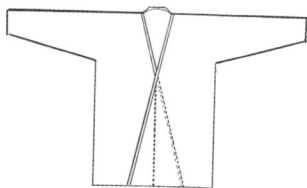

▲ 新疆鄯善县苏贝希一号墓地出土下摆加宽式开襟短上衣及线图
公元前 8—前 3 世纪

▲ 新疆鄯善县苏贝希三号墓地 14
号墓出土皮衣线图，和左侧线图对
比，可以看到交领的前襟衣衽产生
的剪裁逻辑

（二）夏商周时期的二部式着装

夏商周时期，最早的服饰制度逐渐形成。这一时期，服装的主要样式是上衣下裳（cháng），即上下两部分的二部式着装模式。从记载来看，这样的衣服形制似乎在五帝时期即已出现，《周易》中说，"黄帝、尧、舜，垂衣裳而天下治"。

上文介绍了衣的产生、发展，接下来介绍裳的演变。东汉刘熙在《释名·释衣服》中解释说"下曰裳。裳，障也，所以自障蔽也"，指出裳为遮挡之用。西汉刘向《五经要义》中也说"太古之时，未有布帛，食兽肉而衣其皮，先知蔽前，而未知蔽后"，即先民已懂得用兽皮遮掩身前部分，后来逐渐发展出前后均可遮掩的下裳。

有关夏代的服饰，由于目前考古资料有限，难以得出确切的结论。然而，对于商周时期的服饰，我们可以从河南、陕西、山西等地出土的人物造像中，获得一些直观的参考资料。

商代上衣的主要特点是右衽交领窄袖，衣长至膝，衣领及袖口、下裳均饰有勾连纹边缘。贵族的腰间常系有一种上狭下宽的斧钺形衣物，即蔽膝，有关蔽膝的内容在下文单独介绍。另外根据西汉司马迁《史记·殷本纪》记载，商代崇尚白色，商汤建立商朝之后，立刻"易服色，上白"。商代的首服也颇具特色，出土的玉人形象中常见一种在额前的卷筒状的饰物，头上则有"頍"（kuǐ，古代用以束发固冠的发饰）来束发，许多玉人形象还编有辫发。这样的服饰和形象更多表现的是当时贵族按礼制要求的着装，而当时的平民和奴隶可能还停留在穿以保暖等实用功能为主的衣服，甚至处于衣不蔽体的状况。

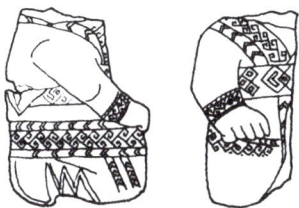

◀ 河南安阳殷墟侯家庄商王陵出土石雕残像线图

▲ 河南安阳殷墟妇好墓出土商代玉人及线图

孔子说"周因于殷礼",周代的贵族服饰基本上延续了商代的衣裳搭配蔽膝的礼俗,只是衣服整体较商代更加宽大。上衣的领子较商代也有所不同,在文物中常有加镶宽缘的方口形的样式,现代称之为"矩领"。这种领型在后来的深衣服饰中也有所沿用,"曲袷如矩以应方"是典型的周代服饰风格。

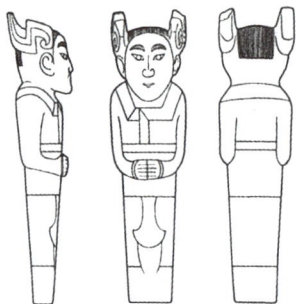

▲ 河南洛阳东郊周代墓出土着方领衣、系蔽膝玉人线图

二、礼制的细节体现:蔽膝和组玉佩

(一)蔽膝:膝前的风度与威严

1. 蔽膝,礼仪的象征

商周时期,随着社会等级的分化、贫富差距的加剧,服饰也出现了标志着仪礼等级的分类。奴隶主阶级将服饰视为"礼"的重要组成部分,不仅注重其装饰功能,更将其作为区分贵贱、彰显威严的工具。因此,他们对服饰的生产、管理、分配和使用格外重视。

▲ 系蔽膝的商代玉人形象
① 美国哈佛艺术博物馆藏河南安阳殷墟出土商代玉人线图
② 山西曲沃北赵村晋侯墓地出土玉人线图
③ 山西曲沃北赵村晋侯墓地出土玉人

在当时,能代表礼制的一件非常重要的衣物是系在腰间的蔽膝,当时人一般将其称作"韍""黻"或"市"(均读作 fú)。孔子赞美夏禹的原因之一就是"恶衣服而致美乎黻冕",说他平时穿的衣服很朴素,但是对祭祀所用的有黻和冕的礼服十分重视。在很多周代青铜器的铭文上,也可以看到周王赏赐臣子蔽膝的记录,比

如毛公鼎上就写有大臣毛公暗获赐红颜色的市。《诗经·小雅·采芑》也说周宣王的大将方叔南征，"服其命服，朱芾斯皇，有玱葱珩"，也就是将蔽膝（朱芾）同组玉佩（葱珩）并列，作为代表身份的朝廷礼服的组成部分。由此可见周朝人对蔽膝的重视，把系蔽膝作为一种重要的礼制的象征来看待。

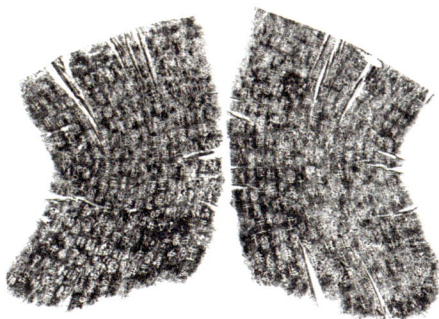

▲ 铭文中表示蔽膝的"市"字

▲ 毛公鼎铭文"赐汝秬鬯一卣，祼圭瓒宝，朱市，恩黄，玉环，玉瑹金车"

蔽膝作为服饰的一部分能上升到礼制层面，同这一时期的服饰发展程度有关。商周之人虽着上衣下裳，但是裳内裤子的裤裆结构发展尚不完备，还是开裆裤或是不连裆的两条套在腿上的裤管（也称为胫衣），行动时仍有不雅观的问题。在裳外加以能够遮挡的蔽膝，其实是一种避免"走光"的保险措施。

▶ 甘肃玉门出土新石器时代人形彩陶罐，穿着不连裆的裤子

◀ 新疆哈密五堡墓群出土的裤管

2. 开裆裤，注意坐姿

正是因为裤子发展尚不完备，当时之人非常注意在礼仪场合的坐姿，所以普遍采取跽坐（两膝及小腿着地的跪坐姿势）的方式。又开腿箕踞而坐或是撩起下裳蹲踞，都是不礼貌的表现。如西汉刘向编订的《战国策》中就记录荆轲自知刺杀秦王不成后，"倚柱而笑，箕踞以骂"，来表达自己的蔑视态度。

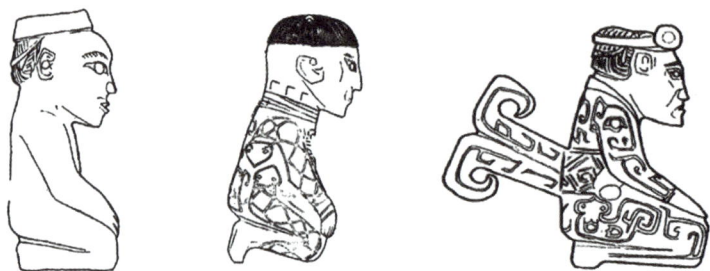

▲ 河南安阳妇好墓出土玉人线图（踞坐）

▲ 河南安阳妇好墓和侯家庄商王陵出土玉人拓片（蹲踞）

▲ 秦始皇帝陵博物院藏箕踞姿陶俑

（二）组玉佩：玉石叮当，身份标配

　　除蔽膝外，人们往往还会利用组玉佩来实现对身体的二次遮挡。早在新石器时代，先民们就已经开始重视玉的价值，在身上佩戴玉饰了，发展到商代晚期，形成了一定的玉饰组合形式。

1. 多璜组玉佩的构成

　　在周代，发展出一套有着一定固定搭配组合并对数量有严格规定的大型玉饰组合，其构件包括璜（huáng，古代一种半圆形玉器）、珩（héng，古代佩玉上面的横玉，形状如古代的磬）、冲牙（佩玉中的一种，用于组玉佩的下部，因在佩玉者行走时，冲牙与两侧的玉璜相撞会发出悦耳的声音，故可起到正举止、步态的作用）、玛瑙珠、玉管和料珠，以上构件的组合称为组玉佩。在组玉佩中，有一类多璜组玉佩常出现在墓主人的颈部至胸腹部，长度大多在 50 厘米以上，长者甚至可达腿部，如此长的组玉佩也和当时贵族标榜的步态相关。

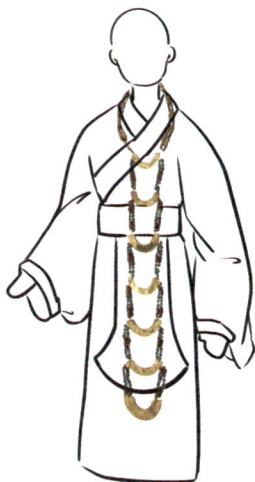

◄◄ ▲ 河南三门峡虢国墓地 2001 号墓中的组玉佩出土时的情况以及文物图和佩戴示意图

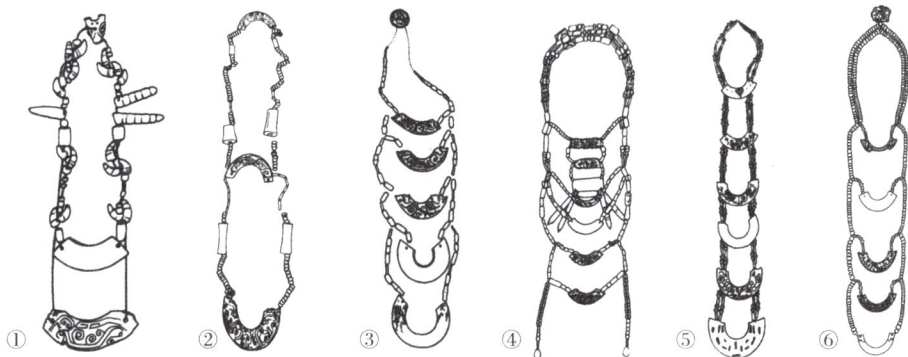

▲ 多璜组玉佩线图
① 山西曲沃曲村 6214 号西周早期墓出土
② 陕西长安张家坡 58 号西周中期墓出土
③ 山西曲沃北赵村晋侯墓地 91 号墓出土
④ 山西曲沃北赵村晋侯墓地 92 号墓出土
⑤ 山西曲沃北赵村晋侯墓地 31 号墓出土
⑥ 河南三门峡虢国墓地 2012 号墓出土

　　《礼记》中规定，不同身份的人应当走不同的步伐，以示尊卑有别，"君与尸行接武，大夫继武，士中武"。武的意思是足迹，接武是"二足相蹑，每蹈于半"，即国君与祭祀中代表祖先的扮演者每步只走半个脚掌的距离；继武是"谓两足迹相接继也"，即大夫每次走路脚跟与脚尖相接；中武则是"间容一足地"，这是士的步伐。通过佩戴组玉佩，可以对人起到"节步"的作用。

　　周代对于佩玉等级要求极严，根据穿戴者身份、地位的不同而有明显的区别。春秋时期左丘明的《左传》中对此还贡献了一个"改步改玉"的成语，指当一个人的身份改变时，他佩戴的组玉佩以及所走的步伐也应当改变：鲁定公五年（前 505

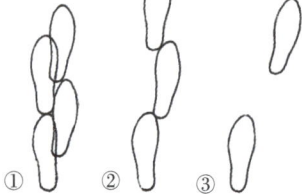

年），当时鲁国的僭主季孙意如［季平子，（？—前505 年）］卒于视察回来的路上，他的家臣阳虎将更高等级的玉用作他的陪葬品。这遭到另一家臣仲梁怀的反对，他就以先民只有身份变迁才改步改玉、变动礼仪作为依据，认为季平子的身份是鲁定公的臣属，不应当逾礼享受诸侯的入殓等级。

2. 组玉佩的意义，尊卑有别

上面介绍的这种组玉佩，往往出土于周代高等级姬姓诸侯及其夫人墓，并且表现出男性墓主用璜数量多于女性、高等级贵族用璜数量多于低等级贵族的趋势。等级森严的多璜组玉佩在西周时期更为流行，但随着春秋战国时期礼制的崩溃，这种象征等级的佩饰逐渐失去了其原有的意义。复杂而长的组玉佩不再符合时代的需求，佩戴组玉佩也不再是贵族的特权，身份较低的人也开始佩戴。到了战国中期，多璜组玉佩逐渐退出了历史舞台。

3. 古玉，周代考古爱好者的最爱

如上这一变化并不意味着人们对佩玉的喜好消失了。随着下一节中将要介绍的深衣逐渐取代上衣下裳的穿衣方式，原本佩戴在颈部的组玉佩逐渐移至腰间，取而代之的是形式更加多样的玉佩，继续在新的时代中发挥其装饰和君子品德的象征作用。

关于玉器，还有一个有趣的现象。在周代，常能发现重复利用旧玉的情况，如河南三门峡虢国墓地 2012 号墓的束绢形玉佩是混用商玉组合而成的，山西曲沃北赵村晋侯墓地 63 号墓中也出土了大量商代旧玉，陕西澄城刘家洼春秋芮国墓 49 号墓的玉琮则是由齐家玉器（齐家文化是中国黄河上游地区新石器时代晚期至青铜时代早期的文化，在齐家文化中，最重要的组成部分就是玉器，也被称为齐家文化玉器）改形而成的，这可能同《逸周书·世俘解》中记载的"凡武王俘商，得旧宝玉万四千，佩玉亿有八万"这一事件有关。有时周朝人也会将原有玉石加工改制成其他款式的物品，山西曲沃北赵村晋侯墓地 31 号墓中就出土了一件改制的玉玦。

▶ 山西曲沃北赵村晋侯墓地 31 号墓出土的改制玉玦，可以看到其上被打破的原有纹饰

◀ 陕西澄城刘家洼春秋芮国 49 号墓出土玉琮，由齐家文化玉器改形而成

深衣的普及和搭配

到了春秋战国时期，上衣下裳相连的深衣成为流行款式。衣的设计不仅体现了古人的智慧，还展示了那个时代对实用性和美观性的双重追求。楚国，因其独特的地理环境和文化背景，形成了别具一格的深衣风格，并影响至汉代。

人物头戴刘氏冠，外着黄色纱制单衣，内着直裾深衣以及有曲领的白纱中单，腰系装有金属带钩的皮带，佩长剑。

▶ 西汉前期服饰
参考陕西咸阳汉阳陵、湖南长沙马王堆汉墓出土文物综合绘制

一、衣裳相连，被体深邃：深衣的普遍流行

（一）春秋战国时期各国深衣速览

深衣是一种上衣下裳相连、衣服下摆向后拥掩的古代服饰，因"被体深邃"而得名。这种设计不仅遮蔽性强，而且便于行走，因此在内衣不发达的时期受到了人们的广泛欢迎。深衣在春秋战国时期得到了普遍使用，在《礼记》中就有对深衣的介绍，认为其还应满足"规、矩、绳、权、衡""短毋见肤，长毋被土""续衽，钩边"等要求，并说这样的深衣"先王贵之"。

然而，由于各地的现实情况和文化背景不同，深衣在各地的具体表现也存在一定的差异。受到目前出土文物实际情况的限制（中原各国几乎没有深衣实物出土），能够完整反映深衣在北方地区发展脉络的文物信息仍然不足。但从其他地区出土的服饰文物中也可以看出，虽各地的深衣都满足上衣下裳相连、被体深邃等特点，但在细节上仍存在差异。书中选取了其中一些各地出土文物，但也许他们并不能代表本地深衣全部特点和唯一类型，此处仅供参考。

▲ 燕国所在地区服饰特点
河北易县燕下都遗址出土战国铜人，穿右衽窄袖衣，长度及地，领子保留了上节所说的周代矩领的特点

▲ 中山国所在地区服饰特点
河北平山县中山王墓出土银首人俑铜灯及线图，服饰为右衽，衣袖敞口宽大下垂，多圈缠绕的深衣，长度曳地

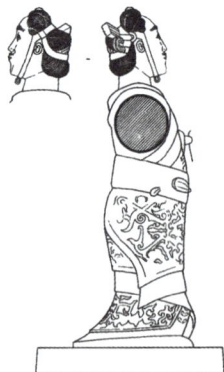

▶ 三晋所在地区服饰特点
① 山西长治分水岭墓出土战国铜人
② 山西侯马铸铜遗址（白店）出土战国人物模型
人物均穿右衽窄袖衣，长度及膝，领子保留了周代矩领的特点

①

②

◀▲ 东周王室所在地区服饰特点

河南洛阳金村东周墓出土银人及正、背面线图，穿右衽窄袖衣，长度及膝，交领，衣服下摆向后拥掩至身后

注：此文物在过去一些研究中被认为是匈奴人形象，孙机老师已对此做出了辨析，见孙机：《洛阳金村出土银着衣人像族属考辨》，《中国古舆服论丛（增订本）》，文物出版社，2001 年

▲ 齐国所在地区服饰特点

① 山东临淄赵家徐姚村西北齐墓出土战国女性乐舞俑

② 山东章丘绣惠镇女郎山 1 号战国墓出土女性人物俑线图

服饰特点为叠穿，着右衽窄袖衣且存在半袖的情况，长度及地，拼缝处镶绦边，领型接近圆领，内搭有极长拖尾的服饰（此种拖尾裙有衣物实物出土）。在东汉之前，男女服装差异并不大，所以虽然齐国所在地区目前没有可以清晰地直接展示男性服饰的考古资料，但是可以参考同期的女性着装

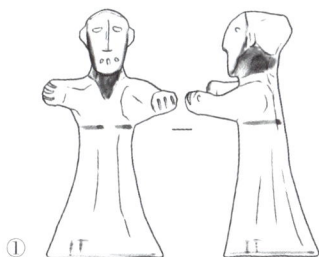

▲▶ 秦国所在地区服饰特点

① 陕西西安泾渭秦墓出土陶俑线图，人俑似穿交领右衽窄袖衣，长度及地

② 陕西咸阳秦陵出土文官俑、乐舞俑，人俑穿右衽窄袖衣，长度及膝，领口、袖口有较厚夹絮

（二）别具一格的楚服

　　相较于上述中原各国，由于楚国所在地保存环境的优越，楚墓中出土的衣物和织物实物相对丰富，能够反映人物穿着的人俑也较多，对了解这一时期服饰的发展有所助益。

　　从历史文献来看，在春秋战国时期，楚式服装风格与中原其他国家总体相似，但也有自身的显著特点，使得楚人常凭借衣着而被认出。如《左传·成公九年》中记录晋侯到军中视察，见到楚国人钟仪，就问身边人："南冠而絷者，谁也？"于是有司对曰："郑人所献楚囚也。"晋侯看到钟仪所戴的冠，就知道他不是晋国人，可见楚国的冠制不同于北方。如楚国诗人屈原在《离骚》中说"高余冠之岌岌兮"，楚国的冠颇为高耸，这在出土于湖南长沙子弹库楚墓的《人物御龙图》帛画上也可以看出。这种高冠的形态甚至影响了后来汉代的审美。

　　《战国策·秦策五》中则记录，吕不韦曾建议秦公子异人穿楚地服装拜见当时宫中有大权的、来自楚国的华阳夫人，以其穿着来博得夫人的赏识，而华阳夫人看到公子异人穿的衣服，就能意识到他是"吾楚人也"，可见楚地服装有别于中原的特点。在《人物御龙图》帛画中，能看到服装下摆极为褒博，有一大片拖曳在背后，这可能就是特点之一。所以将楚国出土服饰作为春秋战国的着装参考时，还需要注意这种差异。

▶ 湖南博物院藏帛画《人物御龙图》，可以看到画中男性形象的高冠以及极为褒博的着装

　　湖北江陵的马山一号楚墓战国中晚期墓中，出土了一系列完整的中低等级贵族的楚地服装，精致华美、品种齐全，为研究楚式服饰的风格提供了真实的资料。虽然墓主为女性，但是从春秋战国一直到汉代的深衣文物来看，这一时期的深衣并无特别显著的性别差异（也存在一些观点认为，比起男性深衣，女性深衣可能存在包裹身体更严密的偏好），因此在此处仍以其为例为读者介绍楚地的深衣。

　　从马山一号楚墓出土的深衣来看，楚地的深衣褒博程度极高。墓主的身高约为160厘米，而几件袍服的长度几乎均已超出了墓主身高，特别是编号为N15的小型菱形织锦长袍，甚至长达 200 厘米，通袖也达到了 345 厘米长，这和《礼记》中记录的对深衣的要求"短毋见肤，长毋被土"已经迥然不同了。

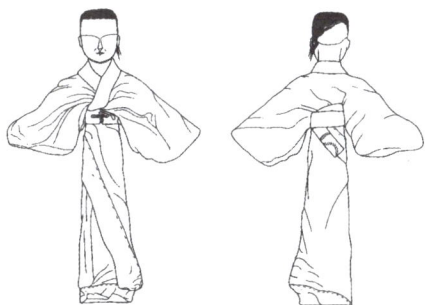

▶ 褒博的服饰效果
湖北江陵九店楚墓乙组 410 号墓出土着绢衣木俑线图

马山一号楚墓出土的深衣颜色主要是红棕色和黄色，因楚国人认为掌火的祝融（此处的祝融应是官职名称）是自己的祖先，所以崇尚火，也对红色有偏爱。服装大量使用作为楚国图腾的凤鸟纹进行装饰，衣缘、袖缘、腰带用织锦是这一时期展示身份等级的重要标志。

◀ 马山一号楚墓出土服饰上使用的纹饰
① 凤鸟花卉纹复原图
② 龙凤虎纹文物实拍图
③ 变体凤纹复原图
④ 蟠龙飞凤纹复原图

另外，楚地的深衣还体现着贴合人体设计的剪裁方式。仍以编号为 N15 的深衣为例，袍服的衣身、衣袖和裳的交界处，有一块被称为"嵌片"的结构，也称为"小腰"。由于这处小腰的存在，深衣（以及该墓中出土的大量其他服饰）是不能够平铺的，这样的设计实际上已经可以算作立体剪裁了。小腰的加入，使得绕襟衣服穿着后不易随动作变形，当抬起手臂时，小腰结构提供了腋下所需的活动空间，便于行动。此外，小腰还增加了门襟的上半部分的覆盖量，并使门襟下半部分前衽分开。这样一来，即使 N15 的衣身有远超出墓主身高的余量，也只是在穿着后使后摆加长形成拖尾，而不会在身前堆积布料影响行走。

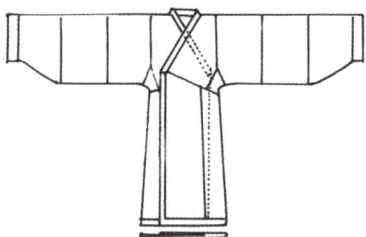

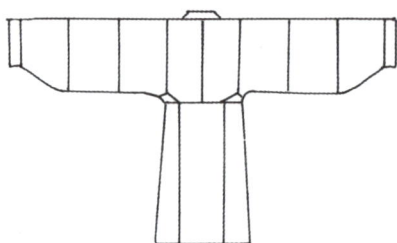

▲◀ 马山一号楚墓出土绵袍 N15 的线图及文物图，可以看到腋下两侧各有一块菱形布料嵌片，即小腰

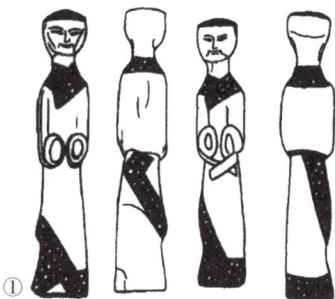

▲▶ 小腰使得深衣门襟下半部分前衽分开时的效果
① 湖南长沙东郊五里牌 406 号楚墓出土人俑线图
② 河南南阳夏庄楚墓 22 号墓出土彩绘陶立俑
③ 湖南长沙南郊黄土岭战国楚墓出土漆卮上的舞人形象

（三）从楚服到汉服

虽然楚国在公元前 223 年被秦所灭，但是楚国的穿衣风格并没有就此断绝，而是随着发源自楚地的汉王朝的建立延续下来。汉司马迁《史记·刘敬叔孙通列传》中说秦朝儒士叔孙通穿着儒服去见汉王刘邦，没有受到欢迎，其后"乃变其服，服短衣，楚制"，刘邦这才愿意见他。虽然这次见面的服饰背后隐含了用黄老（楚衣）而非儒术（儒服）的国家发展的政策选择的意味，但也可以看到汉初乃至以后一段时间内，仍继承发展了部分楚文化，汉代的服饰可以说是对楚服的继承和发展。马王堆汉墓出土的西汉初期深衣实物，在丝织工艺、纹饰、制衣技术上与战国时期的楚地服饰一脉相承。

► 楚、汉服饰相近的配色及款式
① 湖南长沙仰天湖战国楚墓出土彩绘木俑
② 湖南长沙马王堆汉墓出土彩绘木俑

不过汉初时的深衣实物与马山楚墓的实物略有不同，随着服装总体长度的缩短，一方面，前襟的闭合程度提升，不再需要小腰的结构；另一方面，领、袖、底、边四处缘饰较楚式深衣更宽大厚重，体现出汉初深衣包裹严密的偏好。另外，《后汉书·舆服志》中称汉人最外层的深衣为"单衣"，比如五官、左右虎贲、羽林、中郎将、羽林左右监这些官员就需要穿着"纱縠（即一种细纱织成的皱状丝织物）单衣"，不过这仍属于今日语境中的"深衣"概念，下文不再做额外区分。这类深衣不仅为贵族所穿，当时的平民百姓、军旅士卒同样穿着，为了活动便利，袖子往往更紧窄，衣服长度也较短。

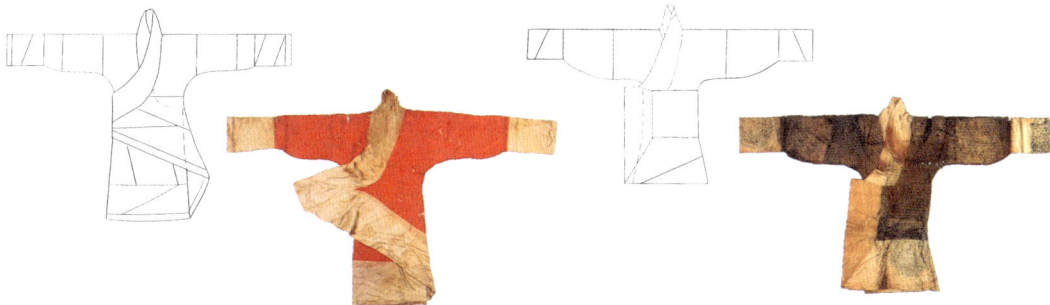

▲ 湖南长沙马王堆汉墓出土曲裾深衣线图与实物图　　▲ 湖南长沙马王堆汉墓出土直裾深衣线图与实物图

二、从拘束到潇洒：两汉时期的深衣

汉代初期，继承了春秋战国时期那种包裹紧密的颇为束缚的服饰风格，随后才逐步放大下摆。到了东汉时期，更加宽博而自在的襜褕（chān yú）普遍流行，成为下一个时期魏晋风格的滥觞。

（一）紧密包裹的西汉男子服饰

1. 三重衣，古人也是叠穿达人

从出土的汉代文物可以看出，汉代男性个个都是"叠穿达人"——汉代盛行外衣比中衣和内衣领口更低、袖子相对宽大而短的穿搭方式，这样可以露出逐层的彩色缘边，形成叠搭效果。如陕西咸阳汉阳陵出土的人俑，其服饰最外层为黄色，大概率是相对轻薄的纱质外衣，领口、袖口有红色缘边，且领口、袖口和下摆都露出相对厚实的中层与内层衣服。

这件陶俑所穿的黄色衣服是汉代流行的着装颜色的真实写照。汉代人崇尚阴阳五行的学说，以五色对应五时来解释四季变化，于是一年四季中，特别是在重要的祭祀场合的礼服上，格外强调依照时令着衣：春季着青色，孟夏穿赤色，盛夏穿黄色，秋季为白而冬季为黑，被称为"五时服"。

虽然理论上如此，但西汉时期官员们上朝时基本还是穿黑色的衣服。如《汉书》中记载，汉宣帝、汉元帝时的一位官员张敞就自称"敞备皂衣二十余年"，这句话用皂衣（即黑色衣服）来指代自己做了很久的官，而三国时期的学者如淳为这句话作注时也指出"虽有五时服，至朝皆着皂衣"。除了颜色，陶俑这套衣服的袖子和衣摆处也颇具特色。西汉时的衣袖，是一种被称作垂胡的袖子形状。从腋下到袖口呈弧状，宽大部分因形状似牛颈部（即"牛胡"或者"垂胡"），故得此名。

▶ 陕西咸阳汉景帝汉阳陵出土塑衣式彩绘文吏俑

①

▲▶ 垂胡袖
① 湖南长沙马王堆汉墓出土曲裾的垂胡部分
② 河南洛阳烧沟 61 号西汉墓壁画，可以看到因为垂胡袖堆积而形成的轮廓和褶皱

2. 后垂交输，形似燕尾

在衣摆处，则出现了一种被称作"后垂交输"的结构。这种结构把衣袍下摆后方挖空，从而增加活动空间，便于行走。陕西咸阳汉阳陵出土的一系列人俑的背面就出现了这种设计的雏形，外衣明显挖空，可以见到内部的中衣，且中衣也进行了小范围挖空，露出里面裤的边缘。

这种挖空如果再进行一定的设计，将原本长方形的布裁成两个直角三角形或梯形，这样左右交掩的两侧衣襟在身后就会出现明显的尖角，从而形成成熟的"后垂交输"结构。如江苏徐州北洞山西汉楚王墓出土彩绘陶背箭箙俑，就可以看到其身后服饰的尖角裁片。《汉书·江充传》中记载，大臣江充去见汉武帝时就是穿了这种衣服，"充衣纱縠禅衣，曲裾后垂交输，冠禅缅步摇冠，飞翮之缨"，形成一种飘逸的姿态，连汉武帝也要"望见而异之"。而到了西汉中晚期，后垂交输被加大、加长，变成一种形如燕尾的装饰结构。

◀ 后垂交输结构
① 陕西咸阳汉景帝阳陵出土塑衣式彩绘文吏俑，外衣下摆后方挖空
② 江苏徐州北洞山西汉楚王墓出土彩绘陶背箭箙俑的"后垂交输"结构
③ 江苏徐州北洞山西汉楚王墓出土彩绘长袖舞俑，身后加长而曳地的燕尾状"后垂交输"结构

◀ 陕西靖边杨桥畔新莽汉墓壁画《孔子见老子图》，人物身后是曳地的燕尾状"后垂交输"结构

（二）走向宽博的东汉男子服饰

从西汉到东汉，服饰风格发生了转变。起初是服装的下摆越来越宽大，而到了东汉，整体着装已彻底摆脱了束缚，宽大的服饰以及更多的着襦、袴（即短上衣和合裆裤）而不着外袍的风尚开始流行。为搭配服饰而佩戴的作为礼制约束的冠也变得更加便捷。这一小节介绍服饰的新风尚，首服的情况将在后文中专门介绍。

说到东汉宽大服饰的代表，非"襜褕"莫属。按照剪裁方式来分类，襜褕仍属于深衣的一种。汉代的深衣，按照裾的形式可以分为曲裾和直裾，前者在西汉前期及以前的时代更为流行，而直裾则是在西汉中晚期及之后成了绝对的主流。襜褕就是一种直裾，它的特点是格外宽大。《释名》一书中对"襜"的定义是床前垂下来的帷，而以这个字命名此种服饰，可见其"襜襜宏裕"宛如床之帷帐，形象地直述了其特点。如河南郑州东汉晚期的打虎亭汉墓壁画中的男子画像，其服饰比起前期那些收腰束腿的西汉深衣，显得宽裕许多。

▲ 河南郑州打虎亭汉墓出土的东汉画像石人物，头戴介帻，身着襜褕

襜褕其实在西汉时就已出现，但在当时被视为一种非常不严肃和不正式的服装。如《史记》中曾记载，汉武帝元朔三年（前126年）时，武安侯田蚡穿着襜褕入宫，被视为不敬，以至于丢了官职。但是到了东汉，襜褕就可登大雅之堂了，《后汉书·段颎传》就有记载，平定羌乱的段颎除了被赏赐金钱外，还特有"七尺绛襜褕一具""赤帻大冠一具"作为封赏。

段颎获赐的这套衣物，在颜色上也体现了从西汉到东汉的转变。西汉时期人们的着装色彩取向如前文所述，最初继承秦代尚黑，而后按五行学说以自身为土德，故而尚黄。到了新莽及东汉时期，则认为火德和其代表的红色是最重要的颜色。《后汉书·礼仪志》中还提及"凡救日食，皆着赤帻，以助阳也"，这是取红色的火德之意，以头戴红色的帻救助太阳战胜属于阴气侵袭的日食。这一时期的壁画和陶俑，也可以反映出这种取向，神人或主要人物常着红色，以色彩凸显其重要的地位，而下级官员和侍者则常着其他颜色的服装。

除襜褕外，东汉时期还出现了许多同样宽大的服装。《后汉书》中记载了当时的大将军、外戚梁冀和他的妻子孙寿对这种时尚潮流的引领：梁冀作"埤帻，狭冠，折上巾，拥身扇，狐尾单衣"。唐代章怀太子李贤的注中说狐尾单衣是"后裾曳地，若狐尾也"，意即有很长的拖尾。

三、带钩和贝带：腰带细节之中的争奇斗艳

（一）带钩：反客为主的革带

先秦时期，男子服饰最外层的束带常是丝制的大带，因材质较软，无法悬挂蔽膝、佩剑、玉佩等重物，故将这些配饰悬挂在大带下面的革带上。革带的佩戴方式最初是以绦带相系的方式，后来出现的带钩让革带的使用更为便利。

▲ 浙江杭州良渚文化遗址中出土的玉带钩

在新石器时代的良渚文化遗址中，就有玉带钩的出土，但是此后的整个夏商西周时期，都缺乏带钩的实物依据，以至于过去一段时间的研究都认为，战国到汉代盛行的带钩是和胡服一起从北方游牧民族的服饰中融入的，认为带钩就是所谓的师比、犀比或鲜卑一词。不过实际上，北方少数民族使用的从黑海北岸及西伯利亚地区出土的斯基泰-西伯利亚式钩（也就是师比、犀比或鲜卑等）和中原的带钩还是有明显区别的，前者的钩首与尾柱弯向同一侧，而中原流行的带钩钩首与尾柱则是相背的。

另外，近年来在中原一些地区发现了不少春秋时期的带钩，而在北方草原出土的带钩的时代一般不早于春秋末期，这也推翻了过去的结论。目前中原地区最早的带钩出现于西周晚期至春秋早期，有山东蓬莱村里集 7 号墓中出土的铜带钩为证，不过这一墓葬的断代在学界还有一些争议。至迟到春秋中期，带钩重新在中原考古学证据上出现，在河南洛阳中州路西段 2205 号墓出土的随葬品中，有一件水禽形的带钩；其后的河南固始侯古堆 1 号墓中，也出土了一件六棱金带钩，出土时与铜环、玉佩等一同位于墓主腰部，显然是钩括革带使用的。

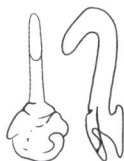

► 河南洛阳中州路西段 209 号墓出土带钩线图

▲ 河南固始侯古堆 1 号墓出土六棱金带钩

最早有关带钩的文字记载比春秋时期的实物要早一些，《左传·僖公二十四年》就提到了齐桓公"置射钩而使管仲相"。齐桓公早年同管仲辅佐的公子纠竞争王位，管仲竟张弓搭箭射向当时还是公子小白的齐桓公，所幸只是射中了他的带钩。

起初带钩还会搭配丝制的大带使用，湖北江陵九店 410 号墓就出土了带身一端有铜质带钩、另一端开有三孔的丝织物腰带。而随着带钩的使用，直接外露革带也不会显得太过简陋，外加其便利耐用的优点，革带便逐渐摆脱了大带，可以单独外露使用。陕西西安秦始皇陵兵马俑上清晰地展示了革带和带钩的使用方式，同有三孔的丝织物腰带相仿，带钩背面的短柱固定在腰带的一端，弯曲的钩首则穿过腰带另一端不同位置的小孔，与腰带相勾连。使用时可以依据服装薄厚差异、人体腰围尺寸的不同进行调节。

► 湖北江陵九店 410 号墓出土竹圆盒中的腰带（红框内部）

◄ 湖北江陵九店 410 号墓出土腰带及其上面的带钩

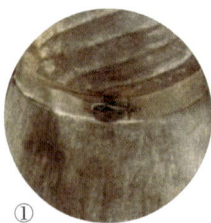
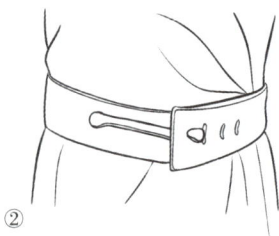

▶ 带钩及使用方式示意
① 陕西西安秦始皇陵兵马俑身上的带钩
② 带钩使用方法示意

◀▲ 带钩到明清时期仍在使用，只是把皮带换成了丝绦或布带
① 中国国家博物馆藏明佚名《宪宗调禽图》局部，明宪宗系的就是带钩
② 北京明定陵出土明万历皇帝的白玉带钩

　　因为带钩外露，其装饰性也越来越强。正如西汉淮南王刘安编撰的《淮南子》中说"满堂之坐，视钩各异"，带钩成为贵族们争奇斗艳、彰显审美品位、炫耀财富的物品。战国时期开始，带钩越发精美华丽起来，材质有金、银等贵金属，装饰工艺也出现了鎏金、包金、镶嵌等，尺寸也变得更大，甚至长达 20 厘米以上。战国时期《庄子·胠箧》中嘲讽"窃钩者诛，窃国者为诸侯"的不合理，意思是偷带钩的人要处死，篡夺政权的人反倒成为诸侯，刑罚的严厉程度也足以从侧面说明战国时期带钩的贵重程度。

▲ 中国国家博物馆藏河南辉县固围村5 号墓出土鎏金嵌玉龙首银带钩，长18.7 厘米

▲ 2017 年东京中央秋拍台湾息斋王度旧藏战国错金银铁几何纹带钩，长 23.2 厘米

（二）贝带：腰缠"万贯"

这一时期的腰带，还有一种叫作"贝带"的款式，其装饰着海贝或玉雕贝形装饰，彰显出佩戴者的身份和地位。《淮南子》中记载，"赵武灵王贝带鵔鸃而朝"，为赵国百姓效仿，但是匹夫布衣的效仿却被嘲笑，侧面说明贝带作为一种身份象征，主要用于贵族和有权势的人物，平民男子则无资格佩戴。

贝带的贵重，可能同"海贝是一种货币"的概念有关。甚至到了汉代，《史记·佞幸传》中还要为汉高祖、汉惠帝时期的宠臣籍孺、闳孺两人带动了"郎侍中皆冠鵔鸃（jùn yí）、贝带"的风气专门记上一笔，指责他们的穿戴不合汉初节俭的风尚。

先秦至汉代文献里经常提到的"贝带"也有实物出土，早期的贝带可见于西周晚期至春秋早期的河南三门峡上村岭虢国墓，其 1706 号墓墓主腰间就有六件圆形贝壳装饰。陕西咸阳汉阳陵出土的人俑上也有贝带体现。后来汉代还发展出用玉雕刻的贝形装饰的贝带，更添贵重之意，如湖南长沙陡壁山 1 号墓、江苏淮安盱眙大云山汉墓都有玉贝带出土，这些均为诸侯王级别的墓葬。

▲ 中国钱币博物馆藏作为货币的海贝
海贝是一种专门类型的齿贝，主产于太平洋和印度洋的暖水区，并非所有贝壳都具有同样性质

▲ 湖南长沙陡壁山 1 号墓出土玉贝带，此墓为汉代长沙王后曹𡣕墓

▲ 陕西咸阳汉阳陵出土人俑上的贝带痕迹
图片来源：撷芳主人

◀ 江苏淮安盱眙大云山汉墓出土玉和玛瑙制成的贝带，此墓为汉代江都王刘非墓

第 三 节

出将入相：进贤冠和武弁的演变

下图人物左为文官，头戴三梁进贤冠，着黑色朝服，腰系紫绶；右为武官，头戴插有鹖尾的武弁大冠，着红色朝服，腰系青绶，盛于虎头鞶囊之中。此时的臣子进朝堂大殿时，不允许穿鞋、佩剑，因此"剑履上殿"是一种特赐的待遇。

▶ 东汉末年着朝服的文武官员形象
参考各类壁画综合绘制

　　文官、武官的服饰在汉代属于朝服体系，不过相较于衣服的区别，在汉代人的观念中，"以冠统服"才是常态，首服与绶玉的差异比衣裳不同更重要，成为区分不同身份等级和地位的象征。

一、文官冠服：从冠到"帽"的进贤冠及其服饰

（一）以冠统服：作为礼制的冠

冠，是从周代到汉代一项非常重要的等级礼法的标志。在这个时期，可以很明显地区分冠和帽的差异。冠是加在发髻上的罩子，《淮南子》中形容冠"寒不能暖，风不能障，暴不能蔽也"，但也正是因为冠的"不实用性"，才凸显了其礼仪价值。在此时期，只有士及以上的贵族可以戴冠，并把男子二十岁加冠礼视为成人的标志。

在西汉，有一种颇为流行的长冠，《后汉书·舆服志》中记载此种长冠是汉高祖刘邦在未称帝时，根据楚冠的形制制作的，因此也称为"刘氏冠"。这种冠以竹板为里，外裹漆纱，"高七寸，广三寸"，颇有屈原所讲的"高余冠之岌岌兮"的审美取向，也因其形状如同喜鹊之尾，所以被民间俗称为"鹊尾冠"。

在湖南长沙马王堆一号墓出土的冠人俑中，就能看到这种长冠的样子，冠体只在发髻的部位加以覆盖，在其下有一条带子结在颔下加以固定，这被称作"颊"。在冠人俑下颔处有一横条状装饰，叫作"（衔）枚"。衔枚在先秦时期的大量记载中都是同军事有关的，其目的是令将士衔在口中，避免交谈，如成书于战国时代的《六韬》中就记录了太公望对武王的突围军事指导，"操器械，设衔枚，夜出"，东汉班固《汉书·高帝纪》里也描述了秦末将领章邯在军事行动中"夜衔枚击项梁，大破之定陶，项梁死"，使用衔枚在夜间进行军事行动时可防止言语，保持安静。到汉代，衔枚可能已不是完全作为军事用品存在，而是演变为一种装饰物搭配冠使用。

刘邦发明的冠在使用时还会有场合限制，高帝八年（前 199）时就有规定"爵非公乘以上，毋得冠刘氏冠"。由于公乘是秦汉时期民爵与官爵（秦汉时期把第八级爵以下称为民爵，以上为官爵，普通吏民获爵不得超出第八级公乘爵）的分界线，因此长冠成了官吏身份的象征。不过《后汉书》中提及的另一种限制，认为长冠仅用于祭服、"祀宗庙诸祀则冠之"的规定似乎被马王堆汉墓出土的冠人俑突破，侍从也可以使用刘氏冠，而不局限于贵族（也有观点认为这是一种类似而实际上不是刘氏冠的长冠，供读者参考）。

▶ 湖南长沙马王堆一号汉墓出土冠人俑所戴刘氏冠

对于汉朝人，与冠相对应的平民所着首服并不是帽子。在当时人的观念中，帽子是作为"小儿、蛮夷头衣"存在的，平民头上所戴的是"帻"。帻是一种在额头上围一圈的头巾，由汉之前武将的覆头绛帕演变而来，起到避免头发遮挡视线的作用。因勒在额部，所以也用表示双眉之间的"颜"、表

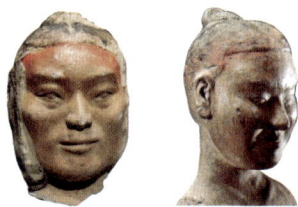

▲ 陕西咸阳汉阳陵出土头戴赤帻（颜题）的人俑

示额头的"题"代指，称作"颜题"。汉初的帻在秦代的基础上"续其颜，却摞之，施巾连题，却覆之"，到了汉文帝时"高颜题，续之为耳"，从而形成帽状的样子，但仍属于帻的范畴。

在西汉前期，帻被明确地规定为"卑贱执事不冠者之所服"，在《汉书·东方朔传》中就有这样的故事，馆陶公主的宠臣董偃长相俊美但身份地位低下，小时候和母亲以贩卖珠宝为事，在拜见汉武帝时就头戴绿帻，而后汉武帝因为欣赏他，则"有诏赐衣冠"。

不过正如汉代服饰整体展现出来的越来越不拘礼法的风尚一样，人们的首服也出现便捷化的倾向。到了东汉，士人单独戴的冠转变为冠下加帻的形制，甚至贵族在非正式场合、平民在大部分场合都可以单独戴帻。

（二）文官的象征：进贤冠在汉代的演进及其后续发展

1. 汉代的进贤冠

进贤冠服是汉代文官在朝会时所穿戴的用于表明身份的专有服饰。一套文官朝服的组成包括：作为首服的进贤冠，外穿的随五时色而变化的纱袍一领，内穿的皂缘中单衣一领，袷（jiá，通夹）袴一套，作为足服的袜一双、舄一双，以及作为配饰的革带一条、绶等。

汉代朝服系统还没有形成唐代及以后的服色制度，首服是区分身份等级的主要标志。如进贤冠因是"古缁布冠也，文儒者之服也"而成为汉代文官的象征。进贤冠主要以冠上梁的数量区分身份，"公侯三梁，中二千石以下至博士两梁，自博士以下至小史私学弟子，皆一梁。宗室刘氏亦两梁冠，示加服也"。

最初进贤冠同其他冠一样，只是包裹着发髻而不覆盖额头的冠，在山东沂南北寨村汉墓画像砖石上，可以看到西汉时期的文官所戴的进贤冠只是一个接近三角形状如斜俎（zǔ，古代祭祀时放置祭品的器具）的物品。西汉后期到新莽时期，进贤冠的形式发生了改变：汉元帝时，史料记载元帝"额有壮发"，他的发际线比较低，不希望别人看见，于是为了遮挡额头，才在冠下加帻。不过这个时候的帻顶部是空的，戴帻时会露出头顶的头发。类似的图像，在表现西汉内容的画像石上可以见到。到

了王莽主政时，因为王莽秃顶，又给冠顶增加了巾，形成如"屋"的结构，以遮挡住头顶，即"王莽秃，帻施屋"。到了东汉，戴这种"施屋之帻"日益普遍，并被规范化。东汉进贤冠的结构，包括冠体（展筒。展筒在古籍中多用"展筩"）、介帻、颜题、耳等几部分。

▶ 四川成都都江堰出土东汉李冰石像，戴一梁进贤冠

◀ 东汉进贤冠结构图

▶ 进贤冠的演变历程
① 表现西汉内容的山东沂南北寨村汉墓画像石
② 陕西靖边杨桥畔新莽汉墓人物壁画
③ 东汉晚期至曹魏时期河南洛阳朱村壁画墓男墓主画像

2. 白笔与书刀

汉代的文官，穿戴进贤冠服的同时，还会在头上簪白笔，在腰间挂书刀。

白笔也称珥笔，即将毛笔插在发或冠上，以示随时准备书写、记录。《汉书·赵充国传》中记载，当汉宣帝打算诛杀车骑将军张安世时，别人求情的言语就是在说张安世"本持橐簪笔事孝武帝数十年"，没有功劳也有苦劳，这里的"持橐簪笔"就是指随身携带放书的橐囊和在头上插着毛笔，以备顾问的勤劳之意。

这样的书写方式随着时代的发展也流为"形式主义"，到了三国时期，就有魏明帝见到"御史簪白笔侧阶而坐"而不明其义，询问左右也不能回答的记录。最后大臣辛毗做出解答说"旧时簪笔以奏不法，今者直备官、但珥笔耳"，可见因为不作实用，很多人已经完全不能理解这样簪笔的目的，只是作为流传已久的装饰物看待。

▶ 山东沂南北寨村汉墓中簪白笔、挂书刀的文官形象

◀ 山东沂南北寨村汉墓中簪白笔的文官形象

书刀又称削,因为一直到汉代,竹简、木牍都是书写的主要载体,写错修改时,就用小刀刮去写错的地方,因此称削。又因《周礼·考工记》所说的"筑氏为削,长尺博寸"的长度而称为尺刀。《汉书·李陵传》记录了西汉将领李陵率军在浚稽山被匈奴骑兵大军包围,战况激烈,箭矢已尽,兵器亦多损坏,以至于汉军"士尚三千余人,徒斩车辐而持之,军吏持尺刀",即士兵拆下车轮的木辐条,军中文吏甚至拿出腰间书刀用来战斗,颇为悲壮。

◀ 辽宁省博物馆藏东汉金马书刀
汉代的书刀多为环首形制

3. 进贤冠在后世的演变

汉代之后,进贤冠虽仍作为文职人员的象征得以保留,但是在介帻和展筒上发生了改变。晋代时,进贤冠的介帻的耳开始变高,两耳间距变小,几乎连为一体;高度几乎与展筒的最高点齐平;斜俎状展筒后侧的边逐渐变短,向"人"字形发展。到了北朝时期,这种趋势更加明显,两耳完全合为一体,展筒后侧的边消失。到了唐中期,进贤冠上的梁完全和耳连接,展筒和介帻的屋融为一体,发展成为宋明时期梁冠的样式。

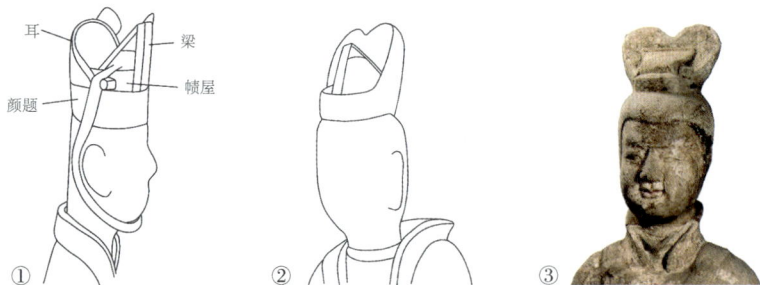

▲ 进贤冠的演变历程
图片转引自李薇:《展筒与金蝉》
① 湖南长沙金盆岭 9 号晋墓出土西晋对书青瓷俑局部线图
② 山西大同北魏云冈石窟第 35 窟供养人线图
③ 陕西渭南唐咸亨元年(670)沙州敦煌县令宋素与夫人王氏合葬墓出土文官俑

▲ 孔府明代梁冠
◀ 黑龙江省博物馆藏宋代甲本《九歌图》局部

（三）另一张身份证：汉代的绶

汉代的官员，除了以冠区分身份，绶也同样能起到区分和识别身份的作用。

绶的使用可以追溯到周代，起初是指围系帷、幄等的系带。到战国时期，随着深衣的流行以及频繁战争中对行动便利性的追求，贵族们不再使用蔽膝加组玉佩的组合，只留下系瑹（suì，古代贵族佩戴的一种端玉）作为标志和身份的象征。秦朝时期，佩绶从系瑹恢复、发展而来，构成绲（nì）加玉环佩加采组的组合，从而形成了这一时期绶的形式。以下左图的陕西西安秦始皇陵兵马俑高车驭手为例，驭手所佩玉环为上下两节系带连接，上边的系带与腰间革带相连，下边的系带较长，多余部分被收入衣襟内。其中连接革带且较短的系带就称为绲，"绲者，古佩瑹也"，而系于玉环上的较长系带称为采组，是一种彩色丝带。

▲ 绲加玉环加采组组合而成的绶
① 陕西西安秦始皇陵兵马俑高车驭手
② 山东临沂吴白庄汉画像石墓佩剑人像

到了汉代，佩玉的绶成为同官印相连的配置，这也是出于实用性的考虑。汉代官印的使用方法不像后世一样是用印泥盖在纸上，而是盖在竹简、木牍的封泥之上，所以尺寸不大，往往只有 2.3 平方厘米左右，也称为方寸之印。这么小的印揣在怀中很容易丢失，而在汉代丢失官印的惩罚很重，如在《汉书》之中就能见到汉武帝时有列侯"坐弃印绶出国，免"的记载，即官员因为丢下官印、私自出境而受到免官的惩罚。甚至外交家、将领常惠出使乌孙国时，乌孙人"盗惠印绶节"，就是偷走了他的官印，常惠的反应是"自以当诛"，虽然皇帝最终因其有功而赦免了他，但也从侧面说明了在汉代对待丢失官印甚为严肃。为了避免丢印，汉朝官员就把印拴上绶带系在身上。

▲ 河南博物院藏"关内侯"（秦汉时期的爵位）金印印钮及印面

▲ 湖南博物院藏西汉时期"轪侯家丞"封泥

相比官印，拴印的绶带可是比它更加明显的身份识别标志。《汉书·朱买臣传》中记载，朱买臣从贫穷落魄之人摇身一变做了会稽太守，回乡时他把绶印都藏起来，会稽的官吏就不重视他，直到"食且饱，少见其绶"，看见了朱买臣揣在怀中的绶，官吏才意识到他的身份不一般，从而对其毕恭毕敬。

为了能够区分身份，不同级别人的印上会配不同长度和颜色的绶带。如东汉时，天子的绶带长度可以达到 6 米，诸侯王的绶带长度约 4.83 米，公侯、将军的绶带长度约 3.91 米，以下各有等差，相对应的颜色亦有不同。宽约 36.8 厘米、长在 3 至 6 米之间的各色绶带戴在身上，能对佩戴者的身份、等级一目了然（表 1）。

表 1　绶带官印的搭配组合

组合名称	绶的类别	官印的类别		使用者身份
金玺黄赤绶	黄赤绶	玺	金玺	皇帝
玉玺赤绶	赤绶		玉玺	皇后
金玺绿绶	绿（lì，用荩草染制的黄绿色）绶		金玺	内臣、诸侯王
金印紫绶	紫绶	印	金印	彻侯、外臣之王
银印青绶	青绶		银印	秩比二千石以上
铜印黑绶	黑绶		铜印	秩比六百石以上
铜印黄绶	黄绶			秩比二百石以上
青绀绶	青绀绶	无		百石

参考文献：《后汉书》。

◀ 西汉时期还较短的绶带
① 湖南博物院藏辛追印绶
② 江苏徐州北洞山西汉楚王墓出土陶俑的红色绶带

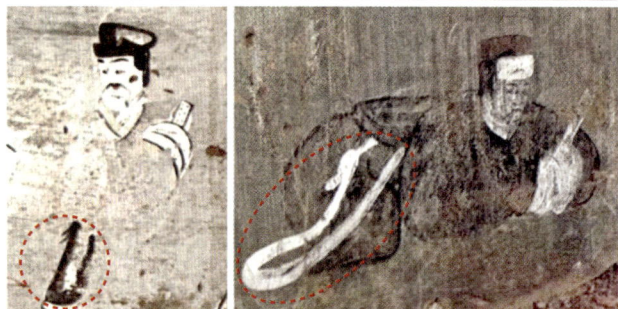

◀ 新莽时期文武官员已经变长的绶带
陕西靖边杨桥畔墓出土壁画局部

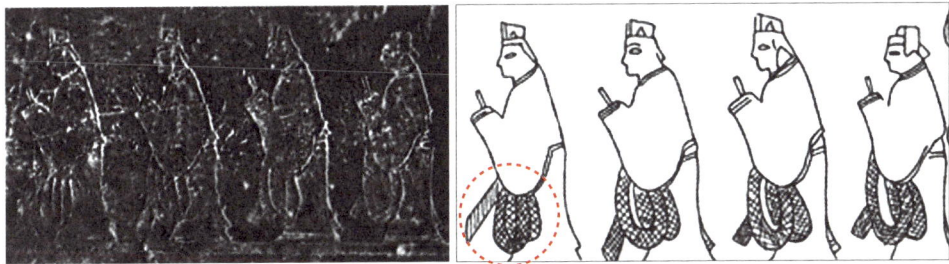

▲ 东汉时期的绶变得更长，需要在腰间围绕多圈
日本天理大学附属天理参考馆藏山东济宁嘉祥画像石《泗水捞鼎》局部的官员像及线图

在西汉时期，绶的形态和组合并不固定。西汉初期绶的整体尺寸并不大，佩戴位置主要是垂在身前。随着绶的重要性增强和等级区分的作用越发明显，到西汉中后期，印绶相连，一官必有一印，一印则随一绶成为固定搭配，绶多垂于身侧，且越来越长、越来越醒目，整体形象可以在反映此时期的图像中看到。如果官员身兼数职，多条印绶系于腰间就相当夺目了。《汉书·酷吏传》中就记载过这样的场景，杨仆身兼主爵都尉、楼船将军二职，又获封将梁侯，"怀银黄，垂三组"，身佩金印银印、垂下三条印绶，被汉武帝指责过分炫耀。

▲ 山东沂南汉画像石墓中的武士像，红框中为虎头鞶囊

到汉明帝永平二年（59），著名的舆服制度制定后，汉代的佩绶制度得以固定。东汉时期的标准搭配为绶、印、縫、玉佩的组合，那种又宽又长的绶带也成为定制，其具体佩戴方式可以自然垂下，可以一端收入衣襟，也可以使用一种被称为"鞶囊"的小包盛放印绶，挂于腰间。山东沂南汉画像石墓中的武士像上，就可以清晰地看到虎头图案的鞶囊。

二、武将官服：从圆到方的武弁及其服饰

（一）帻与弁的关系

在汉代，武官常用武弁大冠作为自己身份的象征。武弁大冠也叫武冠，是武官常用朝服中的冠。不过，虽然武弁大冠被作为和文官的进贤冠相对应的"冠"来看待，但它是由弁加帻构成的，并没有实际上冠的部分。

弁是一种头盔，出自商周，呈"两手合拢"的覆杯形状。其中的韦弁是皮质的专门的兵事之服，在战争中为保护头部而佩戴，诸多西汉前期的墓葬中都可见到头

戴武弁的士兵形象，因此也就成了武将、武官的身份象征。

除了皮革，弁也会使用更为轻薄的缳（细纱）布、漆纱制作，这在武弁的名称来源上可以看出端倪。武弁也被称为"惠文冠"，有些人认为这是因赵惠文王所造而得名，但实际上，"惠"或许来自"螅（huì）"字，而螅蛄是一种小蝉，用"惠"字形容这种冠轻薄如蝉翼。这在众多考古发现之中都有实物支撑。江西南昌大塘坪乡观西村西汉海昏侯刘贺墓的棺椁内，遗骸头部即有漆纱武弁残片，湖南长沙马王堆三号墓中则发现了漆奁里保存完整的漆纱冠。除此之外，陕西咸阳汉景帝阳陵出土戴武弁的俑头上的武弁专门使用了缳布。在其他众多当时表现武弁的画像石中，往往也特地刻出网纹，由此可见其质地确与缳布相近。

 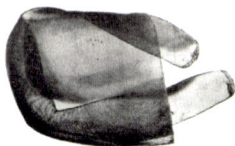

▲ 陕西咸阳汉景帝阳陵出土戴武弁的俑　　▲ 湖南长沙马王堆汉墓出土的纱质弁

最初的武弁不是一定要和帻固定搭配的，如江苏铜山李屯西汉墓葬中，就可以看到直接罩在头发上、露出额头的弁。不过和进贤冠在汉代逐渐与帻融为一体的趋势一样，甘肃武威磨嘴子汉墓群中的 62 号墓中就出土了完整的头顶用竹圈架支撑、内衬帻的武冠，这是新莽时期的情况。到了东汉，武弁和帻才成了固定搭配。武冠的组成部分帻，与进贤冠那种尖顶的介帻也有区别，其多为平顶而短耳，称为平上帻，唐房玄龄等编撰的《晋书·舆服志》也说，"介帻服文吏，平上帻服武官也"。

  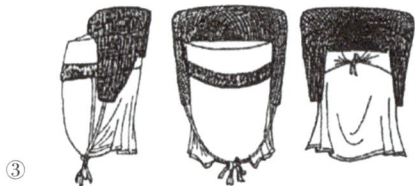

▲ 帻与弁的搭配
① 山东济宁汶上孙家村出土东汉早期画像石线图，头戴平上帻
② 江苏铜山李屯村西汉墓出土陶俑线图，戴弁而无帻
③ 甘肃武威磨嘴子 62 号墓出土内衬巾帻的武弁线图

武弁大冠虽然不是冠，却也能在需要穿朝服的正式场合中使用。常见的武将朝服颜色为红色，这可能与军旅有关。《后汉书·光武帝纪》中说众人见到"光武绛衣大冠"，都感到非常吃惊，没想到老实人刘秀也能起兵造反。在汉代，"户伯（五人之长）服赤帻、缥（红中带黄的浅红色）衣"，将军服同样是红色大袍，所以众人看到穿着绛衣大冠的光武帝就明白其义了。前文提及的平定羌乱的段颎获赐七尺绛襜褕一具、赤帻大冠一具，这里的"绛襜褕"恐怕不能等同于红色朝服，但选择这种颜色可能和他的武将身份有关。

关于汉代到两晋的朝服颜色问题，是有很多图像资料可以支撑"文黑武红"这一说法的。如陕西旬邑百子村东汉墓的《宴饮图》就画了很明显的头戴进贤冠、武弁的两人，其他汉墓中也有大量文官着黑袍、武官着红袍的人物壁画。《汉书·尹赏传》中有一条相关的间接文字记载，"少年群辈杀吏……得赤丸者斫武吏，得黑丸者斫文吏"，其中以红代表武将而以黑代表文官，或许和他们的朝服颜色是有关系的。

▲ 着黑衣的文官与着红衣的武官
陕西旬邑百子村东汉墓壁画《宴饮图》局部

不过似乎没有直接的证据指向这种固定的分类，在河南偃师杏园村汉墓中，虽可以看到典型的武弁配红衣的人物形象，但出自同一墓的下文右图似乎就并非如此了。山东梁山后银山东汉墓壁画则是更为有力的证据，捧盾人头戴的明显为武弁，但身着黑袍；内蒙古呼和浩特市和林格尔东汉墓壁画亦绘制了着红衣的文官形象。那么是否至少可以说明，"文黑武红"的服色制度在不见于《后汉书·舆服志》的明确规定下，虽然在当时存在这种倾向，但并非是固定规制呢？

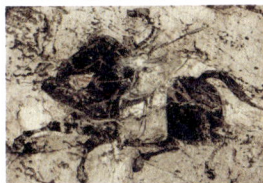

▲ 着红衣、灰衣的武官形象
河南偃师杏园村汉墓壁画《骑吏图》

▲ 着黑衣的武官形象
山东梁山后银山东汉墓壁画《捧盾人像》

▲ 着红衣的文官形象
内蒙古呼和浩特和林格尔东汉墓壁画《护乌桓校尉幕府谷仓图》

（二）武弁的装饰：鹖羽、鵔鸃和貂蝉

1. 鹖冠

与文官会在头上簪白笔一样，武官也会在冠上加装饰，常见的有鹖羽、金饰和貂蝉。施加表示勇武好斗之意的鹖鸟的羽毛，就成为鹖冠；使用羊首纹金片、头插鵔鸃尾羽的被推测认为是史书文字记录的鵔鸃冠；装饰以貂尾金蝉，取其温润高洁之意的是貂蝉冠。

在头上插鹖鸟羽毛的情形在战国时期即已出现。鹖鸟具体是什么鸟类，如今无法给出确定的答案。从古人的描述来看，应当是一种出自山西上党地区的类似锦鸡的有长尾羽的鸟类，性格好斗。两只鹖鸟如果打斗起来，不战死一只决不罢休，于是就以这种鸟类的羽毛作装饰，取自身不畏死之意。在河南洛阳金村东周墓葬中出土过一面错金银狩猎纹铜镜，上面与虎搏斗的勇士戴弁，弁上面就插了一对鹖羽。

▲ 日本永青文库藏河南洛阳金村东周墓出土错金银铜镜，头戴饰有鹖羽弁的骑马武士

西汉司马相如在《上林赋》中写"蒙鹖苏，绔白虎，被班文，跨壄马"，在天子出猎的场面中，侍卫们头戴的就是鹖尾。而"鹖冠"一词，目前可见最早的是在《后汉书·舆服志》中说武冠"加双鹖尾，竖左右，为鹖冠"，五官、左右虎贲、羽林、五中郎将、羽林左右监都可以佩戴。河南邓县出土的东汉墓中的画像砖也展示了戴有鹖冠的人物形象。

◀ 河南邓县出土的东汉墓画像砖中的武将形象，佩戴插有鹖羽的鹖冠

2. 鵔鸃冠

过去学者们一直对鵔鸃冠的具体所指有些困惑，鵔鸃应当是锦鸡一类的鸟，但这似乎无法在任何出土文物中得到准确识别，但是随着近年对江苏淮安盱眙大云山汉墓的发掘，又为研究者提供了另一种猜测方向。鵔鸃冠在文献中是同贝带一起出现的，等级很高，盱眙大云山汉墓既出土了贝带，又在褐色漆纱冠残片之上附着了一种有羊首纹的杏仁形金片冠饰和另一种可以插入羽毛的盖形缨座，这或许就是鵔鸃冠的组成构件。

结合这一发现，当代学者左骏检索了过去出土的同类型的装饰物，发现均出现在高等级的战国到汉代的墓葬之中，进而给出了关于鵔鸃冠的推测：这可能是一种装饰有羊首纹的杏仁形金片、头插鵔鸃尾羽的武冠。

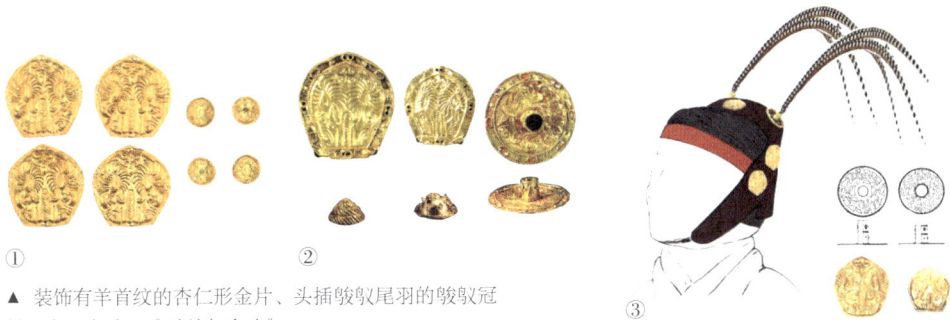

▲ 装饰有羊首纹的杏仁形金片、头插骏駃尾羽的骏駃冠
转引自：左骏：《对羊与金珰》
① 山东日照莒县城阳国茅胡墓出土羊纹金饰和构件
② 江苏淮安盱眙大云山汉墓出土羊纹金饰及盖形缨座
③ 河北平山中山王墓出土插缨金纱冠复原示意图

3. 貂蝉冠

貂蝉冠是汉代的另一种武冠系统。人们熟知的貂蝉一词，可能是东汉美女貂蝉，然而西晋陈寿的《三国志》中并无这样一位女子的记载，而在明代罗贯中《三国演义》早先母题的元杂剧《锦云堂暗定连环计》之中，这位美女是这样自我介绍的：

"您孩儿……小字红昌。因汉灵帝刷选宫女，将您孩儿取入宫中，掌貂蝉冠来，因此唤作貂蝉。"

据此可知，貂蝉最早是冠服名，古有以所掌职务代称人名的习惯，才成就了美女貂蝉之名。东汉应劭的《汉官仪》中说，以左蝉右貂为装饰的冠，本来是秦朝丞相的史官所戴，到汉代又出现了变化，《后汉书·舆服志》中说"侍中、中常侍加黄金珰，附蝉为文，貂尾为饰"。这种冠同样是以装饰物来象征主人品质的，金蝉取金的坚固、蝉餐风饮露的高洁之意，而貂尾则象征"内劲捍而外温润"的性情，寓意优秀的品德。

◄ 山西太原娄睿墓壁画上北齐时期的貂蝉冠及线图
中央圭形饰品为蝉珰，侧后方所插饰品为貂尾。北齐这种冠的形制是从汉代冠演变而来的，在下文中将进行介绍

◄ 金珰
各地发现过诸多形制相似的金珰片，时代集中在两晋十六国时期
① 江苏南京仙鹤观东晋墓出土蝉纹金珰
② 辽宁北票北燕冯素弗墓出土蝉纹金珰

（三）笼冠及其后续发展

武冠同进贤冠一样，也沿用到了后世。随着弁的材质从东汉开始逐渐变为轻质，本来扎得很紧、起固定作用的弁，就变成了笼状的硬壳固定在帻上，成了魏晋时期的笼冠，并一直延续到明朝。

从出土的文物资料来看，两晋时期的武冠与东汉时期的还比较接近，但是纱弁已经开始增高，这种冠体变高的趋势同进贤冠是一致的。到了北朝，纱弁已经变得很高，两侧的外轮廓线也成为弧形，而顶部则彻底失去了皮弁本来的形状，变得近乎平直，这一时期开始的冠已经可以称为笼冠了。与此同时，纱弁之内也开始不再搭配平坦的平上帻使用，转而使用这一时期被称为小冠的前低后高的变体平上帻，这种情况一直延续到隋唐，只是外面的纱弁形状略有变化。

▲ 由武冠发展而来的笼冠
① 湖南长沙金盆岭西晋墓出土人俑线图
② 河北邯郸湾漳北朝大墓出土陶俑线图
③ 中国国家博物馆藏隋代陶俑线图
④ 陕西咸阳乾县章怀太子墓出土壁画《客使图》局部线图

▲ 另一种形式的鹖冠
北京故宫博物院藏唐代三彩武官俑

从唐墓中常见成对出土的唐代三彩文武官陶俑来看，盛唐时武官的冠从笼冠变成了一种上面装饰有展翅鸟形图案的圆形头冠（也作鹖冠，但其发展主要来自波斯元素和佛造像头冠的本土发展，与上文提及的插鹖尾武冠的关系不大），笼冠也不再使用。也正因此，当宋代人重新恢复武弁大冠时，对其的了解也就产生了断代与偏差，宋代的笼冠将笼状的硬壳及貂蝉装饰融入冠梁之上，成为最高等级的朝服冠，并为明代所沿用。

▲ 与梁冠结合的笼冠
① 宋代范仲淹像
② 明代临淮侯李沂像

第四节

秦皇汉武穿什么：
先秦到明代的冕服和其他帝王服饰

人物戴十二旒冕冠，玄衣八章，纁裳四章，蔽膝随裳色，四章，着朱袜赤舄。搭配使用身后的大绶和身侧的小绶以及组玉佩，手持镇圭，去掉了革带，只使用大带。

▶ 永乐三年（1405）版本的明代冕服
根据岐阳世家文物、鲁荒王冕服、定陵冕服以及《明史·舆服志》推测绘制

我们日常见到的秦始皇、汉武帝的形象，无论是在影视剧、雕像还是课本插图中，他们总是戴着头前垂下一排珠子的首服，搭配这类冠的衣服学名叫作冕服。相传冕的出现与黄帝有关，宋李昉等《太平御览》引先秦《世本》中就采用了这样的说法，"黄帝作旒冕"。上古时期的情况，由于资料的缺乏我们暂时无从分析，从现存文献资料来看，西周时候，这样"头前垂下一排珠子"的冕就已经出现了，如西周时期的大盂鼎铭文之中就说周王赏赐给重臣盂"冂（冕）、衣、市、舄"，即冕、衣服、蔽膝和鞋，这里的冕写作"冂"，形象地表现了冕旒下垂的样子。

▲ 戴冕冠的黄帝
山东济宁嘉祥武梁祠黄帝像拓片

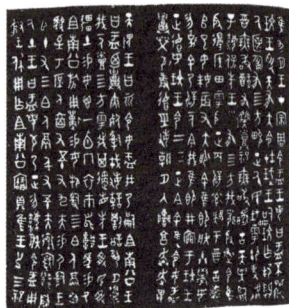

▲ 周王赏赐给盂的冕，出自三白本大盂鼎铭文
右图为其中的"冕"字

一、秦皇汉武的袀玄与通天冠服

（一）取代冕服的袀玄

然而，上文介绍的衣服和首服实际上并不会被秦代和西汉时期的皇帝穿着。据《后汉书》记载，秦灭六国统一中国后，就废除了冕服，"郊祀之服皆以袀玄"，使用了一套属于自己的独特的祭祀礼制服饰；西汉则延续了秦代的服饰制度。这样一来，无论是秦皇还是汉武，实际上都并不穿冕服。

袀玄到底是什么？从字面来看，"袀"的意思是纯、均匀一色，"玄"指黑色，也就是说秦与西汉时期这样一套郊祀之服应当是上下纯黑的。但是在款式上还有一些争议，主要是围绕这套衣服到底是上下二部式的，还是上下一体的深衣形制。《太平御览》引魏晋挚虞《决疑要注》，认为"秦除衮冕之制，唯为玄衣绛裳，一具而已"，即秦朝人祭祀所穿的应该是"玄衣绛裳"的两件制服饰。

但更多的证据还是指向袀玄应是深衣的形制。湖北江陵张家山 336 号汉墓的竹简中记录汉代"朝者皆袀玄"，宋代徐天麟《东汉会要》也说"执事者，冠长冠，衣皂单衣，绛领袖缘中衣"，这一点在《后汉书·舆服志》中相似的描述则为"祀宗庙、诸祀则冠之（长冠）。皆服袀玄，绛缘领袖为中衣"。长冠在上一节中已经介绍过了，可见在汉代语境之中，深衣的"皂单衣"一词和"袀玄"可以同义互换，由此可见，袀玄是上下一体的深衣式。汉初大量承袭秦制，服饰也应当是类似的。《史记·刺客列传》中说荆轲面见秦王的时候，秦是"乃朝服，设九宾"的朝会之仪，那么这种场合所穿的，也应当是"朝者皆袀玄"，这在汉代砖画《荆轲刺秦》故事的画面中也得到印证：砖画上，秦王政、荆轲还有其他大臣们穿的都是上下一体的深衣式的服饰。

▲ 袀玄在秦汉时期的穿着情况
① 湖北江陵张家山汉墓竹简，"朝者皆袀玄"
② 山东济宁嘉祥武梁祠砖画《荆轲刺秦》

（二）作为次等礼服的通天冠服

使用袀玄的场合，一般有祭祀和朝会。最初，袀玄与通天冠搭配，而后通天冠服独立发展起来，是一套后世皇帝穿着的正式程度低于冕服的礼服。自秦至明（除元代外），历代皆有，直到清代废除。

在发现的秦汉时期表现以前帝王的砖画像中，头戴冕冠的往往是五帝一类的人物，是当时人们心目中的上古帝王形象。而当时之人已经不再穿着冕服、头戴冕冠，表现战国、秦代故事的砖画像如《聂政刺韩王》《荆轲刺秦》《泗水捞鼎》等画面中，皇帝头戴的都是通天冠。

▶ 砖画像中的战国时期通天冠形象
① 山东济宁嘉祥武梁祠中的东汉砖画《聂政刺韩王》，韩王头戴通天冠
② 陕西宝鸡青化镇孙家村出土画像石，戴通天冠的秦始皇

按照《后汉书·舆服志》的说法："通天冠，高九寸，正竖，顶少邪（斜）却，乃直下为铁卷梁，前有山、展筒、为述，乘舆所常服。"可知其形状与汉画中的进贤冠相似，不同的是展筒的前壁，进贤冠是前壁与帽梁接合，构成尖角，而通天冠的前壁比帽梁顶端高出一截。但通天冠在魏晋时期逐渐发生帽梁向后卷曲的演变，搭配的服饰也从深衣变为上衣下裳，这在宋代《女孝经图》中也有所表现。

▲ 通天冠形态的演进
① 东晋顾恺之《女史箴图》中戴通天冠的汉元帝
② 东晋顾恺之《列女仁智图》中戴通天冠的赵武王
③ 山西大同北魏司马金龙墓出土屏风上头戴通天冠的卫灵公
④ 唐吴道子《送子天王图》，推测为明代所绘，但依然保留了唐宋时期通天冠的大体形制
⑤ 戴通天冠的宋宣祖画像
⑥ 明佚名《明宫冠服仪仗图》中的通天冠

▶ 宋佚名《女孝经图》中宋代皇帝的通天冠服

二、古制的回响与重现：冕服的礼制含义及其演变

（一）服周之冕

如前文所讲，周代已经有了一套成熟的冕服制度，在孔子看来，"服周之冕"是治理国家非常重要的一项礼制，因而后世在冕服体系上的发展，实际上都是依托当时所掌握的对冕服的理解，再结合当时时代特点与审美，在某种程度上对周代冕服制度的再现。

1. 周代六冕

周代的冕服虽然目前没有出土实物，但在《周礼》中对其有文字记载，总体来说，一套冕服除了"上衣、下裳加冕冠"的三件套基本形制外，还包含了一定的图案纹饰等级递减的规定以及对颜色的要求。但过去由于缺乏直接的图像表现，秦汉之时又存在长期实际使用上的缺失断代，对这些内容的讨论、争议与增减变动，实际上就成了后世冕服发生变化的根源。

根据《周礼·司服》可知，周代的冕服有六种，故称六冕，即大裘冕、衮冕、鷩（bì）冕、毳（cuì）冕、绤（chī）冕和玄冕，这些冕服只有大夫及以上身份地位之人可穿戴。

在周代，冕服是一种依据具体事务和场合而设置的礼服，所以表现出一事一冕、一人多冕的特点。按照规定，只有周天子可以穿全部的六冕，祭祀昊天上帝、五帝时穿大裘冕；享先王，或在宗庙受诸侯的朝觐时穿衮冕；享先公、飨、射则鷩冕；祭祀四望山川则毳冕；祭社稷、五祀则绤冕；祭群小祀则玄冕。在天子穿着这些用于不同场合的冕服时，从公到大夫，往往需要参与其中，或朝觐天子或助祭。这时候，公可以降等穿衮冕及以下的五冕，侯、伯可穿鷩冕等四冕，子、男为毳冕及以下三冕，孤可穿绤冕及以下二冕，卿大夫只能穿玄冕。比他们等级再低的士，就失去了着冕服的资格，只能穿爵弁服了（表2）。

表2　周代不同身份之人可穿着的冕服数量与种类

身份	数量	冕服种类
天子（王）	6	大裘冕、衮冕、鷩冕、毳冕、绤冕、玄冕
公	5	衮冕、鷩冕、毳冕、绤冕、玄冕
侯、伯	4	鷩冕、毳冕、绤冕、玄冕
子、男	3	毳冕、绤冕、玄冕
孤	2	鷩冕、玄冕
卿大夫	1	玄冕
士	0	不穿冕服而着爵弁

参考文献：《周礼》。

但如果是诸侯之间的会面，或者诸侯在自己封国之内举行祭祀的话，他们只能穿玄冕。这里面，享有特例的有三个国家：夏代后裔的杞国、商代后裔的宋国以及周公之后的鲁国。对他们而言，夏商二王之后可以在祭祀各自祖先中的受命之君时、鲁国可以在祭祀周公和文王时穿衮冕，但其他国内场合仍需穿玄冕。这种等级差别，构成了周代的礼仪。

对于周代六冕的具体款式并没有直接的记录，目前最通行的说法是东汉经学家郑玄对《尚书》的解释，他认为六冕的命名和它们之间的区别主要是由衣服上的第一个章纹所决定的。不过需要补充说明的是，亦有诸多学者认为，"十二章纹"一说可能是秦汉时期篡入《尚书》的内容。

章纹，也可以叫章、纹章，是指具有一定寓意的自然图案。按照《尚书·益稷》，章纹共有 12 种，分别是：日、月、星、山、龙、华虫、宗彝、藻、火、粉米、黼（fǔ）、黻（fú）。其中华虫是雉鸡；宗彝本是宗庙祭祀所用酒器，常以虎、蜼（wěi，类似长尾猴的走兽）作为装饰；藻、粉米、黼、黻四章起源则争议更大一些，一些观点认为藻最初可能是缲（丝线），粉米最初可能是白点纹饰，黼黻最初可能是黑白相间的纹饰。如果采取此说，则十二章纹最初未必都是自然事物，但它们到汉唐时，已经被理解成水藻、白米、斧和二己（或弓）相背的样子了。

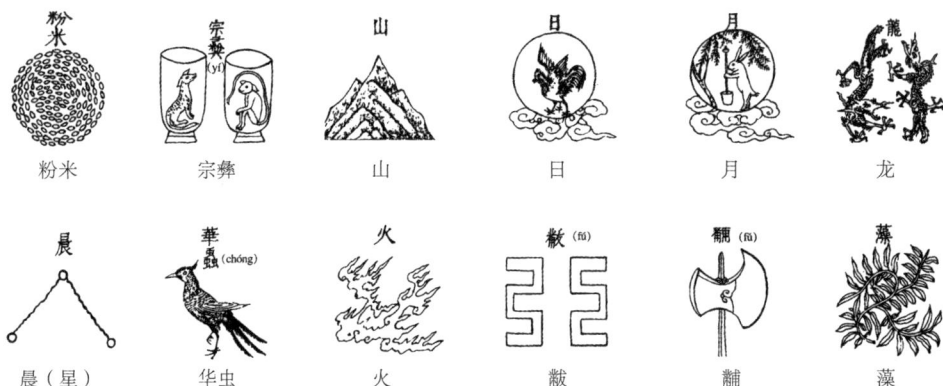

▲ 明王圻、王思义《三才图会》中记录的十二章纹

十二章纹一共有 12 种图案，不过在周代，天子的衣服上仍是从龙开始的，最多只有九章，日、月、星三章则被排布在天子的旗帜之上。其中：

大裘冕指的是穿大裘、戴冕冠的礼服，大裘用黑羔皮做成，没有纹饰。

衮冕指的是穿以卷龙（衮）为首章（即纹饰上的第一个图案）的衣服而戴冕冠的礼服，所施加的章纹为九。

鷩冕指的是穿以华虫为首章的衣服而戴冕冠的礼服，所施加的章纹为七。

毳冕指的是穿以有毳毛的虎蜼（宗彝）为首章的衣服而戴冕冠的礼服，所施加的章纹为五。对此命名方式，《尚书·益稷》解释："毳冕五章，虎蜼为首，虎蜼毛浅，毳是乱毛，故以毳为名。"

絺冕指的是穿以刺绣粉米为首章的衣服而戴冕冠的礼服，所施加的章纹为三。按郑玄对《尚书》的解释，绝大多数冕服上衣的章纹是画上的，下裳的章纹是刺绣上的，以此来表示阴阳有别，而絺冕上衣有一章却使用刺绣而非绘制。

玄冕是上衣没有纹饰的衣服而戴冕冠的礼服，因为上衣素无章纹，随其颜色玄色而得名，全身唯一章纹是下裳的黻。

六冕具体的差异见表3：

表3　冕服及其使用章纹

冕服	章纹	上衣			下裳		
		章纹数量	章纹内容	处理方式	章纹数量	章纹内容	处理方式
大裘冕	无	无	黑羊皮无章纹	无	无	无	无
衮冕	9	5	龙、山、华虫、火、宗彝	画	4	藻、粉米、黼、黻	绣
鷩冕	7	3	华虫、火、宗彝	画	4	藻、粉米、黼、黻	绣
毳冕	5	3	宗彝、藻、粉米	画	2	黼、黻	绣
絺冕	3	1	粉米	绣	2	黼、黻	绣
玄冕	1	无	无	无	1	黻	绣

参考文献：《尚书正义》。

▶ 山东济宁嘉祥武梁祠五帝像拓片，汉代人心目中上古帝王的着装，和上文武梁祠《荆轲刺秦》图像中秦王冠服迥异

2. 汉代永平冕制对周代冕服的选择性恢复

如前文所说，汉代君臣以袀玄为最正式的礼服，这种情况直到东汉明帝时发生了改变。永平二年（59），依据《周礼》《礼记》等文献记载，朝廷颁布了新的舆服令，改变了秦代以来的诸多官服和礼仪制度。当年正月，皇帝和百官按照新的制度穿着对应各自身份的冕服举行祭礼。开始再次使用冕服之后，此前使用的袀玄的实际地位则降低了：在祭祀天地、明堂的场合，长冠袀玄成了百官执事者的衣服，

而其他人则着旒冕；比祭祀天地、明堂等级低的场合，如祭祀五岳和宗庙，袀玄才作为正式服装。

这种变化其实与汉武帝以来儒学地位的不断上升有关，"服周之冕"对于西汉末年的儒生来说，是非常重要的礼仪制度，因此希望能够得以恢复。早在王莽主政之时，就有此方面的尝试了。《汉书》中记载，西汉时汉平帝元始五年（5）五月，王莽加九锡，所受各项赐品中就包括"绿韨、衮冕、衣裳"等。因此，经历王莽改制和光武中兴，冕服成为最重要的礼服就顺理成章了。经过大量讨论，上一段所介绍的"永平冕制"出现，中国历史上的冕服由此也就有了比较清晰和系统的形制描述。

尽管对冕服的使用有所恢复，但是汉代的冕服在制度逻辑上完全不同于周代，由"一事一冕、一人多冕"变为"一人一冕、诸祭同冕"，比起周代大为简化。按照《后汉书·舆服志》记载，东汉废大裘冕不用，以衮冕为最高等级的冕服，由皇帝在祭祀时穿着，以下则按身份等级为差。东汉时，皇帝的衮冕服配色为玄衣纁裳（汉代以来的玄是黑中带红的颜色，纁为红中带黄的颜色）、赤舄绚履（也就是大红色的有绚绳为装饰的厚底鞋），衣上增加了日月星的图案，身上章纹变为十二，头上所戴冕冠也是前后各垂旒十二串，用白玉珠，并且增加了黈纩（一种黄绵所制的小球），自冠冕悬于耳畔，取"充耳不闻""非礼勿听"之意。另外，汉代的冕服在秦制佩玉的基础上又增加了大佩，即佩双印及绶、佩刀的规定。皇帝以下，根据身份不同，三公、诸侯用山龙九章、青玉七旒，卿大夫用华虫七章、黑玉五旒（表4）。

表 4　汉代的冕服制度

身份	冕冠	服饰章纹	其他
皇帝	十二旒白玉珠	十二章	以其绶采色为组缨
三公、诸侯	七旒青玉珠（有前无后）	山龙九章	以其绶采色为组缨，
九卿	五旒黑玉珠（有前无后）	华虫七章	章纹织成不绘
百官执事者	长冠而不是冕	袀玄	—
百官不执事者	各自常冠而不是冕或长冠	袀玄	—

参考文献：《后汉书·舆服志》。

3. 魏晋与南朝的冕服制度

魏晋南北朝时期，基本延续了汉代制度，但存在一定的变化和混乱的情况。可以分为"魏—晋—南朝延续周礼，力图更加复古"以及"北朝加入自己的理解向南朝学习"这两条脉络。这一时期，冕服的最大变化有二：一是受到戴帻和通天冠流行的影响，冕冠的组合也从"武加綖板"变成了"先戴介帻，其上通天冠加綖板"；二是冕服的实际使用范围扩大，从祭祀拓展到其他诸如元会临轩（皇帝不坐正殿而御前殿）等日常非祭祀的重大典礼场合。

曹魏至东晋，衮冕名称稍改，称为平冕，因加于通天冠上，所以又名平天冠，《晋书》记载魏明帝好妇人饰，所以将玉珠改用珊瑚珠。上衣下裳的颜色分别采用皂色和绛色。西晋沿袭魏制，冕旒用翡翠、珊瑚杂珠，东晋时由于南渡，一度因为难以找到合适的白玉而改用蚌珠。

到了南朝，冕服开始逐渐趋于周代那种一人多冕的情形，南朝宋明帝泰始四年（468），将冕服分为大冕、法冕、冠冕、绣冕、𬘬冕五种，并且可能是由于面临白玉难觅的困境，取消了冕服之上的珠饰，改为单纯只有丝线的样子。大冕纯玉缫，玄衣黄裳；法冕五彩缫，玄衣绛裳；冠冕四彩缫，紫衣红裳；绣冕三彩缫，朱衣裳；𬘬冕二彩缫，青衣裳。这种形制一直延续至隋代，在唐代阎立本的《历代帝王图》上可以看到这种服饰。梁陈时期，甚至恢复了大裘冕制度，这就更加靠拢周代的冕服制度了，有关大裘冕将在后文进行详细讨论。这一时期十二章纹的龙纹改为凤凰，另外梁朝初次使用后世熟悉的"大绶"的称呼。

◀ 唐阎立本《历代帝王图》中的冕服帝王形象
隋文帝杨坚（图①）与魏文帝曹丕（图②）画像对比，可以看到最大的区别在于杨坚的旒只有缫而无玉

4. 北朝至隋的冕服制度

相较于南朝，北方冠服礼仪制度的建立和完备要晚得多。按唐魏徵等编撰的《隋书·礼仪志》中的记载，北魏道武帝天兴六年（403），"诏有司始制冠冕，各依品秩，以示等差，然未能皆得旧制"。北魏初期虽试图建立冕服制度，但不够完善，到了孝文帝改革时期，冕服制度才规范起来。但是孝文帝时期由于缺乏文字记载，其具体情况不得而知，但从出土的同期其他服饰推测，可能同样是大量借鉴南朝、夹杂魏晋的旧有制度的形制。到了北魏宣武帝景明元年（500），皇帝开始穿着冠冕登基，仪式的顺序是北魏宣武帝元恪首先穿太子之服受玺，然后再穿皇帝衮冕进行即位之礼，这已经完全按照中原传统的礼仪来进行典礼，而不再是北魏此前的那种七人抬毡的仪式了。

北魏分裂后的北齐、北周则走上两条不同的道路。北齐一方的礼制在延续传统上更加完备，武成帝河清年间（562—565）制皇帝平冕，四时祭庙、圜丘、方泽、明堂、五郊、封禅、大雩、出宫行事、正旦受朝以及临轩拜王公等场合，均着衮冕。北周则独创颇多，与五行学说相对应发明出十种冕服，如祭祀东方上帝用青色、南方用朱色、中央黄色、西方素色、北方玄色。到北周宣帝称太上皇时，他又独创出前后各二十四旒的超级版本，服饰亦有二十四章，以示自己比皇帝尊贵。

这种以《周礼》为模板又加上发明创造的前所未有的服制被隋朝人嫌弃，在议定服制时，太子庶子、摄太常少卿裴政说北周的冕服制度"《礼》既无文，稽于正典，难以经证"，是在继承并掺杂了许多胡服因素的北魏制度的基础上，进一步的"违古"与"迂怪"。

经历以上的发展后，隋代对南北朝以来的冕服制度进行了一次恢复性的整顿和统一。自晋代开始，冕服一直用皂衣绛裳，隋代再次恢复原来的玄衣纁裳，以采用北齐之法为主，但延续了北周对章纹重叠的做法。天子有衮冕十二旒，玄衣纁裳，衣五章，裳四章；皇太子冕服亦称衮冕，规格降皇帝一等，冕冠"垂白珠九旒"；王、开国公冕服亦称衮冕，制度仿太子，只旒以"青珠"；侯伯鷩冕，侯八旒伯七旒，服七章。另外强调以旒的长短来显示身份有别，皇帝齐于髆（即垂肩），而皇太子、王、三公等则短二寸。这些也为唐代的冕制奠定了基础。

到了隋炀帝大业年间（605—618），自秦代以降又首次恢复了鷩冕、毳冕、玄冕，只不过这些不再是给皇帝穿着，而是公侯伯及以下百官按级别使用。

（二）大裘冕的存废

在讨论持续沿用的衮冕服之前，这里先对大裘冕的情况进行介绍。史籍中关于历代冕服变动的讨论，对于衮冕及以下五冕，更多讨论的是章纹内容及其分布。但是对于大裘冕，因其没有纹饰，古代历次改制争论的点主要在"裘是否可以作为外衣穿着"，即其与正服、袭衣、裼衣和中衣等的关系。

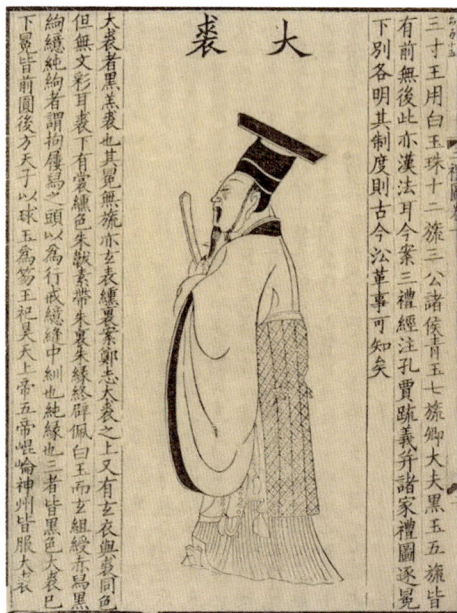

▶ 五代末宋初聂崇义《三礼图集注》中的大裘冕
清康熙十二年通志堂刊

大裘，是天子祭天时穿的皮草制成的祭服，因祭天的性质庄重而以"大"称之，所谓"裘言大者，以其祭天地之服，故以大言之，非谓裘体侈大，则义同于大射也"。这是由于在周代，只有周天子才拥有祭天的权利——"天子有方望之事，无所不通，诸侯山川有不在其封内者，则不祭也"，而诸侯只能祭祀自己封国境内的山川。按照周礼的规定，大裘冕同样遵循玄衣纁裳的配色，用没有章纹的黑羔裘制作上衣，所搭配的冕冠没有旒，取"天地之神尚质"的尊敬之意。

如前所述，秦代终止了冕服的使用，大裘冕也包括在内，而到了东汉，只保留一人一冕，而把十二章纹的衮冕作为最高等级的服饰，大裘也没有得到恢复。大裘再次被使用则到了南朝梁，只不过梁朝所用并非全部黑羔皮，这可能是南方气温偏高的缘故，也可能是因为同南宋面临同样的窘境——黑羊来自西北，南方并不易获得。按梁武帝天监七年（508）与百官的讨论，大裘冕"上衣以玄缯为之，制式如裘"，即使用黑色的丝织品不加文绣来模仿裘衣的样子。

到了唐代，周代天子六冕之制得以恢复，但并没有延续太久，唐高宗显庆元年（656），太尉长孙无忌奉劝"请遵历代故实，诸祭并用衮冕"，此后唐代就又只服衮冕了。到了唐玄宗开元十一年（723），曾经试图恢复冬至祭天使用大裘冕，中书令张说对此进行了分析讨论。他说，"显庆年修礼改用衮冕，事出《（礼记）郊特牲》，取其文也，自则天已来用之。若遵古制则应用大裘，若便于时则衮冕为美"，指出虽然按古制应该使用质朴的大裘冕，然而在当时使用衮冕是出于华丽美观的考虑。此后有关部门同时制作了大裘冕和衮冕供唐玄宗比较，他觉得"大裘朴略，冕又无旒，既不可通用于寒暑，乃废不用之"，即大裘冕既不美观又因为材质特殊而受到季节限制，于是废之不用。从这里也可以看出，唐代冕服制度虽然在名义上很完备地仿效了周礼，但实际上高宗以后，在实际使用上，还是以凸显华丽与皇帝地位为首要目的，从而以衮冕为唯一和最高的象征。

到了宋代，随着对礼制以及朝廷变法的合法性等方面的讨论，在试图恢复天子大裘冕之制上显得颇为纠结。宋初延续唐末五代制度，宋太祖《开宝通礼》中虽然对大裘冕作出规定，但没有实际施行。到了宋神宗元丰年间（1078—1085）的变法改革，才决定增加大裘冕以改变服饰制度，因"服衮冕临祭，非尚质之义"而改为"服衮冕出赴行宫，祀日服衮冕至大次，质明改服大裘而冕出次"。在这次的讨论中，大裘的穿着层次成了争议的热点，因为"盖古者裘不徒服，其上必皆有衣"观点占据了上风，最终朝廷决定大裘与衮同冕，相当于在衮冕之内另加一件黑羔皮的大裘，穿成了内外两层。

到了宋哲宗初年（1086），在反对神宗变法的风潮之中，大裘冕的使用方式被认为不合礼制而受到冲击。最后的结果是"从唐制，兼改制大裘，以黑缯为之"，也就是衮冕内加大裘的方式被抛弃，改为单独穿着无旒冕冠搭配大裘衣，只不过不再使用黑羔皮，而改为黑缯布。但很快，哲宗亲政后及其后的徽宗时期，恢复上一段中"元丰新制"的观念又占据上风，大裘冕又恢复为内外两层的同衮冕兼服的穿法，只不过把黑羔皮换成哲宗初期制度下的黑缯布。这一次的大裘冕按规定"青表缥里，黑羔皮为领、襈、襟，朱裳，被以衮服，冬至祀昊天上帝服之，立冬祀黑帝、立冬后祭神州地祇亦如之"。

南宋初期没有继续使用大裘冕，高宗绍兴十三年（1143）后才得以恢复，在一开始的讨论之中，高宗希望完全重现宋神宗元丰年间内外两层同衮冕兼服的样式，并使用羔皮制作的大裘冕。然而由于不据北方领土，无从获取关西黑羔，并且认为如果改换白色羔皮不合规矩，而且大裘所废羊皮上百，因为杀生害物之故，于是改为"以黑缯创作大裘如衮，唯领袖用黑羔"，这种制度一直延续至宋末。此后，大裘在元武宗朝被讨论过，元文宗时期被恢复过，同样是采用大裘与衮冕服并穿的方式。但是大裘并没有被明代沿用，以质朴无华的服饰祭天的礼制规定也就宣告了终结，衮冕服彻底成为唯一且最高等级的祭祀服饰。

（三）衮冕的使用：历代帝王礼服的最终结果

从唐代开始，衮冕的记载就变得更加详细，实物资料也变得相对丰富起来。从唐至宋，随着对君主身份的强调，衮冕服逐渐远离了周冕的装饰风格，变得愈加奢侈繁复。与此同时，君臣所着服饰的差异也愈发凸显，可穿着冕服之人的范围逐渐缩小。在中原文化政权发展自己冕服制度的同时，北方少数民族政权也模仿建立起类似的衮冕制度。到了明初，在明太祖恢复衣冠悉如唐制的想法下，明代的冠冕服又回到质朴的风格，并随着朝贡的实施影响了周边的朝鲜、日本、越南等国。

1. 唐代的冕服

唐代冠冕服制度的完备，是从高祖武德四年（621）开始的，这一年的舆服令规定一套完整的衮冕服由十二旒的冕冠、绘和绣有十二章纹的玄衣纁裳、白纱中单、革带、大带、剑、佩玉、绶、舄构成。衮冕服的使用范围也有所扩大，据唐杜佑《通典》载："诸祭祀及庙、遣上将、征还、饮至、践阼、加元服、纳后、元日受朝、临轩册拜王公"时候均可穿着。但是尽管名义上的范围有所扩大，实际唐代皇帝着冕的概率反而减少了，转而更喜欢相对方便的通天冠服，如开元年间的制度规定，元正朝会的时候，冕服上只加通天冠，大祭祀时才改用冕冠。

▲ 着冕服的唐帝王像
甘肃敦煌莫高窟第 220 窟东墙北侧壁画

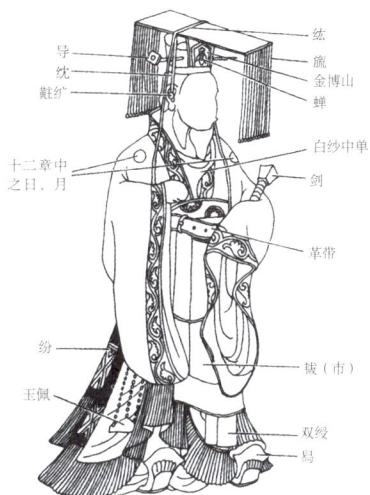

▲ 唐代冕服的各部位名称说明

2. 宋辽金元的冕服

五代时期的衮冕服未见于直接史料记载，但据宋代欧阳修所撰《新五代史·四夷附录》记载，于阗（今新疆和田一带）国王李圣天"衣冠如中国"——而他在敦煌莫高窟留下了身着冕服的画像；又据元代脱脱所编《宋史·舆服志》记载，建隆元年（960）宋太祖登基时冕服已然齐备，未见"礼制不全"之说。由此可推测，五代时期应已有衮冕之使用。从自唐代中后期延续来的奢靡风气、五代时期的图像以及《宋史·舆服志》中的文字记录，都可以看出这一时期的衮冕服极其华丽。

由于衮冕服的奢侈，宋代官员几次试图对其进行调整、削减以符合礼制，但从实际情况来看并没有得到皇帝的认可，终宋一代，皇帝的冠冕服均延续着华丽、装饰繁多的风格。宋太祖着衮冕服登基之后，建隆二年（961）、乾德元年（963），仁宗景祐二年（1035）、嘉祐元年（1056），英宗治平二年（1065），神宗元丰元年（1078）以及南宋时期，宋代衮冕服形制都有所调整，多次在《宋史·舆服志》中见到因冕服过于奢侈及太重，而希望改简约，但最后又"增侈如故"的情况。

以可能是最为华丽的宋仁宗时期的衮冕服为例，《宋史·舆服志》记录：

冕冠：天版元（通"原"）阔一尺二寸，长二尺四寸，今制广八寸，长一尺六寸。减翠旒并凤子，前后二十四珠旒并合典制。天板顶上，元织成龙鳞锦为表，紫云白鹤锦为里，今制青罗为表，采画出龙鳞，红罗为里，采画出紫云白鹤。所有犀瓶、琥珀瓶各二十四，今减不用。金丝结网子上，旧有金丝结龙八，今减四，亦减丝令细。天板四面花坠子、素坠子依旧，减轻造。冠身并天柱，元织成龙鳞锦，今用青罗，采画出龙鳞；金轮等七宝，元真玉碾成，今更不用，如补空却，以云龙细窠。分旒玉钩二，今减去之。天河带、组带、款慢带依旧，减轻造。纳言，元用玉制，今用青罗，采画出龙鳞锦。金棱上棱道，依旧用金，即减轻制。靸纩，玉簪。

衮服：八章，日、月、星辰、山、龙、华虫、火、宗彝，青罗身，红罗襈，绣造。所有云子，相度稀稠补空，更不用细窠，亦不使真珠装缀。中单，依旧皂白制造。裙用红罗，绣出藻、粉米、黼、黻，周回花样仍旧，减稀制之。蔽膝用红罗，绣升龙二，云子补空，减稀制之，周回依旧，细窠不用。六采绶依旧，减丝织造。所有玉环亦减轻。带头金叶减去，用销金。四神带不用。剑、佩、梁、带、袜、舄并依旧。

宋代皇帝的衮冕之冠，虽也取古冕二十四旒之制，但是珠旒之外还有碧凤衔翠，从实物来看颇似定陵出土的凤冠上口衔珠滴之凤。綖板以龙鳞锦、紫云白鹤锦为表里，即使改制后从简，也仍使用罗并绘制图案，綖板上有犀瓶、琥珀瓶各二十四，这些从五代时期的敦煌文书以及日本静嘉堂藏约在宋代时期的高丽国《地狱十殿阎王图》中也能看到，金轮等七宝则应类似于阗国王李圣天冕上的样子。

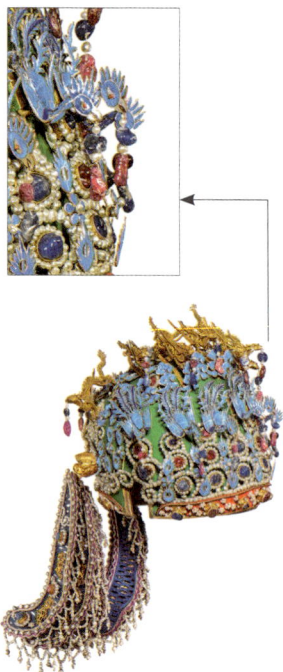

▲ 北京明定陵出土九龙九凤冠及"碧凤衔翠"细部

▲ 宋代冕冠没有直接的实物证据，这些图片中人物头上所绘制的冕冠内容可以为宋代宝瓶等装饰提供参考
① 甘肃敦煌莫高窟第 98 窟中头戴平天冠的于阗国王李圣天像
② 敦煌文书《佛说阎罗王授记四众预修生七往生净土经》中头戴平天冠的阎罗王 ，10 世纪，法国国家图书馆藏，编号 P.4523
③ 日本静嘉堂藏高丽国《地狱十殿阎王图》中头戴平天冠的阎罗王

宋代此时的衮冕服颜色为上青下红，一改唐及以前上衣的黑色色调。其纹饰排布风格延续了宋太祖时期"八章在衣，日、月、星辰、山、龙、华虫、火、宗彝；四章在裳，藻、粉米、黼、黻。衣襈领如上，为升龙，皆织就为之。山、龙以下，

每章一行，重以为等，每行十二"的方式，同样有章
纹多次叠加的情况。另外还有用细窠填补布料空白之
处，并使用珍珠装饰。这种配色以及服饰风格大体可
以参考同期章献明肃刘皇后的画像。

与宋并列的辽金，以及后来统一全国的元朝虽属
北方少数民族政权，但也都拥有其冕服制度。辽代的
服饰中，属于契丹人的国服与属于中原的汉服并列使
用，由于其以契丹习俗祭祀山陵为大礼，而不建郊丘
祭天，所以辽代没有大裘冕的使用，最高级别服饰为
衮冕。从辽代开始，冕服的穿用只限于皇室成员，大
臣不可再穿着，这种制度一直影响到明代。

▲ 章献明肃刘皇后画像，可以
作为宋代繁复的冕服的参考

按辽金元三史有关舆服方面的记述，辽代的衮冕
垂白珠十二旒，服色为玄衣纁裳，十二章"八章在衣，日、月、星、龙、华虫、火、山、
宗彝；四章在裳，藻、粉米、黼、黻。衣襈领，为升龙织成文，各为六等。龙山以下，
每章一行，行十二，白纱中单，黼领，青襈襈裾，黼革带、大带，剑佩绶，舄加金饰"。

金代的衮冕服则是在金熙宗天眷三年（1140）入主中原之后制定的，应当受了
不少北宋服饰制度的影响，装饰颇多且同为青色上衣。全套服饰包括冠冕、青罗衣、
红罗裳、白罗中单、红罗蔽膝、大绶、小绶、绯白大带、红罗勒帛、青罗抹带、玉佩、
凉带、袜、舄等。

元代皇帝的服饰种类，虽比以前朝代大为减少，但也保留了冕服作为最高等级
服装的制式。同辽金一样，元代的冕服也只供皇室专用。蒙古国时期以及元初时"冠
服车舆，并从旧俗"， 无论男女贵贱，出行骑马都穿袍服（有关元代的袍服，会在
第三章加以详述）。元代灭宋以后，到了元世祖至元十六年（1279）仿照中原政权
制定祭祀制度，从此建立起元代的冕服制度。明宋濂编撰《元史》中记录了元宪宗、
英宗和文宗穿着衮冕参与祭祀的情景。

元代的冕服，由十二旒冕冠、青罗衮服、绯罗裳、绛缘、黄勒帛副之的白纱中单、
绯罗蔽膝、玉佩、大带、绶、袜、履、靴（明人所修《元史·舆服志》原文如此，
同时记录"履、靴"）及镇圭构成。

3. 明代的冕服

到了明初，洪武元年（1368），明太祖朱元璋认为重新恢复五冕的礼节过于繁
琐，因此只设定衮冕一服，于祭天地、宗庙时使用。洪武三年（1370）又扩大使用
范围，正旦、冬至、圣节、祭社稷、先农、册拜亦穿着。延续辽金元的习惯，明代
冕服同样仅限于皇室内部穿用，群臣不得服冕。

按照洪武元年的制度，冕服情况如下：冕版广一尺二寸，长二尺四寸，冠上有覆，玄表朱里，前后各十二旒，每旒五采玉珠十二，黈纩充耳，玉簪导，朱缨；圭长一尺二寸；玄衣纁裳，衣六章，画日、月、星辰、山、龙、华虫；裳六章，绣宗彝、藻、火、粉米、黼、黻；中单以素纱为之；红罗蔽膝，上广一尺，下广二尺，长三尺，绣龙、火、山三章；革带佩玉，长三尺三寸；大带素表朱里，两边用缘，上以朱锦，下以绿锦；大绶六采，用黄、白、赤、玄、缥、绿，纯玄质，五百首，小绶三，色同大绶，间施三玉环；朱袜，赤舄。

这套服饰又分别于洪武十六年（1383）、二十二年（1389）、二十四年（1391）和二十六年（1393）、永乐三年（1405）以及嘉靖八年（1529）进行了六次冕制更定，衣裳、蔽膝的章纹从上画下织改为更耐用的全部织成。其他的变动主要是颜色搭配方面，洪武十六年将玄衣纁裳、红色蔽膝改为玄衣黄裳、黄色蔽膝，而二十六年再次改回玄上纁下。永乐三年主要是将上下各六章的章纹分布改为上八下四，此外去掉了革带的使用，而到嘉靖年间则又恢复革带的使用，并改回上下各六章，衣服配色改回玄衣黄裳、红色蔽膝，这种情况在明万历皇帝的衮冕服画像上可以见到。

除皇帝外，明代还允许皇太子、王、亲王世子着冕服（具体范围在几次制度中略有增减），他们的冕旒和章纹数量较皇帝有所减少，上衣也不再是玄色而是青色，这在陇西恭献王李贞画像上有所体现。另外在山东济宁邹城市明鲁王墓出土了九旒冕，这可以和定陵出土的十二旒的冕服形成对照。

▲ 北京明定陵出土明万历衮冕服下裳的复制品

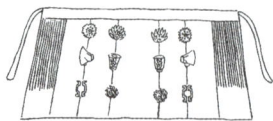

▲ 明李东阳《大明会典》中衮冕服下裳的绘制图

▲ 明代的冕服
① 着嘉靖改制之后冕服的明万历皇帝画像
② 陇西恭献王李贞画像，依明洪武年间冕服制度
► 北京明定陵出土十二旒冕冠
►► 山东济宁邹城市明鲁荒王墓出土九旒冕
注：此文物冕旒长度并非历史原貌

第二章

对立中交融：从南北朝到唐末五代

本章导读

  本章聚焦南北文化、中外文化的碰撞与融合，展示服饰与政治需求及地域文化的联系。首先分析南北朝时期的服饰差异，承续汉代的深衣与袴的搭配在南北朝时期随政权的分裂而产生了分异。南方的服饰风格偏向宽袍大袖，体现舒适与审美的结合，适应江南地区温暖湿润的气候。而北方则受到游牧民族的影响，服饰设计更加紧身实用，以适应北方寒冷的气候与游牧生活的需要。随着北魏孝文帝汉化政策的推行，北方鲜卑族的服饰开始逐渐汉化。这种分异在隋唐重归一统后催生出灿烂而显著区别于两汉的服饰。也正是从这一时期起，服色制度取代了以冠统服，成为新的着装区分方式。在唐代，服饰同样面临中外文化的分异，丝绸之路上的各样服装成为古代服饰中不可忽视的一环，本章的结尾处以粟特人的着装为例，试图窥探这尘封的历史一页。

第 一 节
窄衣亦风流：兼具便利与实用的服饰

三国两晋南北朝时期，是中国古代服饰的一个转折阶段，上一阶段衣裳相连的深衣制在东汉成熟定型，并逐渐发展出与礼制约束相悖的服饰——人们试图让穿着袍服变得更加自由而舒适，于是服装愈加宽大，头顶之冠也愈加便利。

这样的服饰特征在三国两晋南北朝时期得到延续，而此时社会的动荡不安，也给人们带来性格上的放诞不羁，心灵上对美与玄之间对抗的极致追求，以及不同民族服饰之间或被动或主动的交流与融合。而这种融合的进程，依据近些年披露的更多考古证据可知，既不是简单地辉格史观式的落后对进步的效仿，也不局限于过去很多人所理解的"中国"南北方范围之内的服饰及其承载的文化内涵，而是在对立和交融中取得了新的发展。

在这个时期，典型的服饰包括袴褶（xí）、裲裆以及披袄，这种上衣下裤的穿着习惯乍一看可能和第一章中介绍的以深衣为主流的两汉服饰毫不相干，但实际上它们都孕育自上一阶段的服饰。

本节中讨论北方的服饰及对南方的影响，这些服饰既承袭了两汉时期的传统，又融入了北方少数民族的特色，展现了复杂的文化交融与时代的变迁。其中典型的服饰有三种，其一是袴褶，这种上衣下裤的穿着方式，文字记录最早出现在西晋时期，起初主要用于军旅场合，便于作战和活动。随着人们对活动便利性需求的增加，这种服饰逐渐被更广泛地接受。其二是裲裆，最初是作为一种内衣而存在的，随着时间的推移，逐渐演变为外穿的服饰。其三是披袍，这是一种袖子往往是空置的、披在肩上的外套。这些服饰样式既保持了实用性，又逐渐拥有了特殊的礼仪和社会象征意义，为后世的服饰发展奠定了重要基础。

人物头戴小冠，内着大袖褶衣
和大口的裤，袖口有襈，外着
裲裆。其所使用的腰带带銙款
式，从目前的考古学证据来看，
从北魏时期一直到唐代前期均
有使用。

▶ 北齐着裲裆的文吏形象
参考各类北齐时期墓葬人俑
和壁画综合绘制

一、快马须健儿：袴褶装

（一）袴褶一名的缘起与演变

袴褶，这两个字最早在文献中出现是在西晋时期，在《三国志·吴书·吕范传》的南朝宋裴松之注中，他援引西晋虞溥所著《江表传》中的一个故事：吕范（三国时期吴国的重要将领和政治家）和孙策（孙吴势力的重要开拓者和奠基人）聊天，问起来军事的情况，希望可以为孙策分忧，这之后吕范就"释褠（gōu）、着袴褶"，领都督事。"褠"是一种直袖的单衣，为士人所穿，与此相对的"袴褶"，在这一语境中，是军人作战所着衣物，这是西晋人对袴褶的认知。《晋书·舆服志》中介绍，"袴褶之制，未详所起。近世凡车驾亲戎、中外戒严服之"。

袴、褶二字并非凭空出现的，在两汉时期它们就已经是人们日常穿着的衣物了。"袴"并没有太多的争议，是一种有裤腿的裤子。其最初含义指的是腿衣（而不强调有裆与否），区别于被称为"裈"的短裤。东汉许慎《说文解字》中有"绔，胫衣也"，同时期刘熙《释名·释衣服》也说"袴，跨也，两股各跨别也"。

现代人对"褶"的认知，更多来自唐朝人颜师古描述的"褶，谓重衣之最在上者也，其形若袍，短身而广袖"，认为褶应当是一种大袖子而衣长比两汉时期袍服要短的外套。但颜师古的描述恐怕已经是经历几百年变化后的褶了，按《释名·释衣服》中对褶的解释"袭也，覆上之言也"，指的只是短款的外层衣服，而长度下至膝者则是"大褶"，但对袖子并无形式上的要求。

这样看来，袴褶最早指的应该是上衣下裤的穿着方式，但还有一种说法是与战国时期赵武灵王胡服骑射的典故有关，只不过中间数百年间并无更多明确证据来证明哪个说法更准确。到了东汉末年，上衣下裤的着装方式又一次因为活动便利在军旅中得到推广，但如果在军旅之外穿着，则会被认为是一种不得体的服饰。在《三国志·崔琰传》中，曹丕作为太子留守后方，喜好外出打猎，辅佐的大臣崔琰就劝他身为储副要自重，袴褶是"猥袭虞旅之贱服"，并不适合穿着，曹丕因此"燔翳捐褶"，不再穿袴褶。可见在这一时期人们仍然视袴褶为身份低微的象征。

▲ 河南安阳曹操高陵出土石牌"绛文複（通'复'）袴一"，即红色有里絮的裤子

▲ 合裆的袴，此时的袴多为束脚，还没有发展出下文所述大口裤的样子
① 蒙古国诺彦乌拉匈奴墓中出土的合裆束脚裤
② 新疆和田山普拉墓出土的中原东汉时期的合裆束脚裤

这种情况在这一时期的考古资料中也得以印证，如南京出土的孙吴时期墓葬中的俑身上就可以看到短小上衣和大口裤子的搭配，而他们多为仆役侍从的身份。

▲ ①②着袴褶的青瓷俑侍从线图
江苏南京上坊孙吴墓出土

▲ ① 相对小口的袴褶
十六国时期甘肃酒泉丁家闸5号墓壁画
② 着大口裤的陶俑侍从线图
江苏南京太平门外刘宋明昙憘墓出土

（二）袴褶向中原地区和南方的传播

袴褶在南方的六朝军旅之中应用十分普遍，这可能与这一时期战争频繁有关，南朝梁沈约在《宋书·刘穆之传》中记载南朝宋的开创者刘裕征辟刘穆之做主簿，刘穆之因而"坏布裳为袴"，后来就使用"坏裳为袴"作为从军的代称。《宋书·沈庆之传》中也可见相关记载，宋文帝刘义隆连夜紧急召见沈庆之，沈庆之"履袜缚袴"来见而不着下裳，刘义隆惊讶地称呼袴褶为"急装"，也可看出这种衣服穿时的便利与快捷，适用于战场。

尽管袴褶在军旅中被广泛接受，但似乎在南朝仍不被认为是可登大雅之堂的服饰，《宋书·后废帝本纪》和南朝梁萧子显撰《南齐书·东昏侯本纪》中都专门记录了刘昱、萧宝卷这两位评价不高的皇帝经常因为穿袴褶而不"服衣冠"以致受到批评的事。而《南齐书·吕安国传》更是记下名将吕安国对儿子的告诫："汝后勿作袴褶驱使，单衣犹恨不称，当为朱衣官也。"

和这一时期上俭下丰的审美一致，东晋开始，袴也流行宽松大口，东晋干宝在《搜神记》中记录了晋元帝大兴年间（318—321），裤子"直幅无口，无杀"，即裤子从裤腿到裤脚用整幅布料不做裁剪制作而成，穿起来的效果有些类似今天的阔腿裤。又因人们有行动便利的需求，于是就产生了在膝下缚带的缚袴。

▲ 河南邓县南朝刘宋墓画像砖中穿缚袴的人物形象

（三）袴褶在鲜卑族生活地区的演进和发展

袴褶在南朝的演进，可能就要改变北魏后期的袴褶承袭自早期鲜卑（中国古代北方游牧民族，东胡的一支，因史书记载其发源于东北地区的大鲜卑山而得名）服的观点了，而北魏后期的袴褶更有可能是孝文帝汉化改革将北魏的都城从平城（今山西大同）迁到洛阳前后吸收的南方风尚。

从文献和考古资料来看，鲜卑早期的服饰的确大多为上衣下裤，如内蒙古呼和浩特和林格尔汉墓中的乌丸（又作乌桓，中国古代北方游牧民族，东胡的一支，与鲜卑族有共同先祖，大致生活范围在今辽宁西部、内蒙古东部及河北北部一带）或是鲜卑人觐见汉代官员的壁画就显示了这一穿衣风格。在东胡其他支系的记录中也可以旁证这一情况，唐姚思廉《梁书·诸夷传》中记录柔然（东胡的一支，可能是鲜卑部落的分支）"小袖袍，小口袴，深雍靴"；吐谷浑（鲜卑族首领慕容吐谷浑迁徙到西北地区后所建的地方政权）也是"着小袖袍、小口袴、大头长裙帽"。这种"大头长裙帽"应当就是鲜卑人的风帽，有关风帽的情况将在唐代幞头一节中详细介绍。

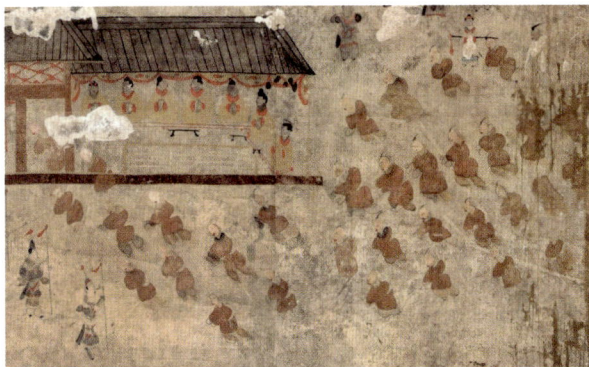

▲ 内蒙古呼和浩特和林格尔汉墓壁画中着小袖袍、小口裤的乌丸或鲜卑人形象及线图

鲜卑族衣裤装的首服均为非常有特色的鲜卑帽，其高屋圆顶，有长帽裙遮住脖颈。《隋书》中有记载："如今胡帽，垂裙覆带，盖索发之遗象也。"

鲜卑族上衣虽为交领，但衣衽几乎居中，这点与中原服饰衣衽止点在左腰侧有所区别，而且左、右衽均有。唐代杜佑《通典·边防典》中说宇文鲜卑妇人也皆是"被长襦及足，而无裳焉"，早期的鲜卑人应当无论男女，都是通用窄袖短衣和束口长裤的，并没有非常明显的服饰上的性别之分，后来才逐渐发展出女性着裙子的差异，但小袖衣一直是通用的。北魏考古资料中的小袖衣主要有交领、圆领、直领三种领型。内蒙古乌兰察布市出土的北朝褐色棉襦，亦为一件交领小袖衣。

▲ 头戴鲜卑帽，着交领小袖衣以及袴的陶俑
山西大同雁北师院北魏墓出土

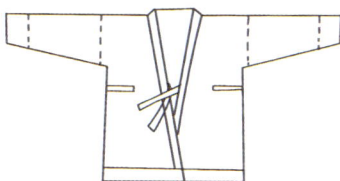

▲ 内蒙古乌兰察布出土的北朝褐色棉褥及线图

▲ 山西大同云冈石窟第6窟北壁着鲜卑服装的维摩诘像（复制品）

在相对早期的鲜卑遗存之中，还可以看到更高等级的鲜卑人对汉代一体袍服的崇尚，如山西大同沙岭北魏壁画墓（435）和智家堡北魏石椁壁画墓（北魏太和前期）两座墓葬之中，墓主人相较于身边的侍从，明显穿着的是更加宽大、袖口收祛的汉代深衣。

▲ 山西大同沙岭北魏壁画墓出土彩绘漆皮夫妻并坐图残片，两人均头戴鲜卑帽，但是身着汉代中原地区延续到十六国时期的袍服，而非袴褶

▲ 山西大同智家堡北魏石椁壁画墓北壁彩绘夫妻并坐图，同样，两人均头戴鲜卑帽，但是身着汉代中原地区延续到十六国时期的袍服，而非袴褶，与他们两侧的仆役衣着有所差别

定都平城时期的鲜卑袴褶在人俑中所见的均为小袖衣和小口裤，而广袖衣与大口裤则出现并盛行于北魏孝文帝迁都洛阳的时代及以后的北方地区，这种突然的转变很可能来源于南方。在孝文帝要求鲜卑人穿汉服的衣冠改革中，主要的负责人是投奔北魏的南朝宋皇族刘昶，很可能是他把南朝广袖与大口裤的袴褶式样引入北魏，既保留了衣裤的实用性，又提升了其正式程度。

▲ 着广袖衣与大口裤的袴褶的陶俑
① 加拿大皇家安大略博物馆藏北魏文官俑
② 山西太原北齐东安王娄睿墓出土陶俑
③ 陕西汉中崔家营出土西魏时期文官陶俑

袴褶在北朝的地位远高于南朝，不仅可作为戎服、常服，大量文武官员也直接将其作为朝服穿着。宋司马光在《资治通鉴》中说，在太和十四年（490）的北魏时期"群臣季冬朝贺，服袴褶行事，谓之小岁"；唐姚思廉在《梁书·陈伯之传》中记载，投奔北魏的南朝梁官员褚缉嘲讽北魏的元旦朝会是"袴上着朱衣"。从这些记录中都可以看出，北朝袴褶的普及程度远高于南朝。

这一南北差异在当时使节之间的对话细节中亦可看出。《魏书·成淹传》中记录，太和十四年北魏女政治家冯太后（442—490，北魏文成帝冯皇后）去世，南齐使者来北魏吊丧，南北双方因应穿何种丧服而发生争论，北魏认为南齐使者穿红色朝服不够严肃，而南齐使者则认为北魏奉上的袴褶不够正式，是"戎服不可以吊"。但是这种在南方看来不够正式的服饰，在北方已足够隆重了，同书《节义列传》记录了一位主动为孝文帝之父献文帝服丧的百姓王玄威，朝廷感恩他的行为，专门在他脱去丧服之后的素服期间"诏送白绸袴褶一具"。

二、从内衣到军旅服：裲裆

在人们所穿的袴褶之外，往往能看到一件类似背心的衣服，这是裲裆，也可写作两当。最初，裲裆是作为一种贴身的内衣穿着，和肚兜属于同类衣物，只不过裲裆的特点是"其一当胸，其一当背"，即有正反两面。在乐府诗《上声歌》中，女子把裲裆上的花反绣在内，"裲裆与郎著，反绣持贮里"，希望能与心上人心贴心。在甘肃嘉峪关魏晋6号壁画墓《采桑图》以及河南洛阳西朱村曹魏大墓中的俑上都可以看到着裲裆的小孩子，前者款式为红色布料外有白色边缘，后者则有花纹装饰。而新疆吐鲁番阿斯塔那古墓群中的东晋十六国墓和甘肃玉门花海毕家滩墓出土裲裆上的红色部分还有绣花装饰。

▲ 甘肃嘉峪关魏晋 6 号墓出土画像砖中孩童所穿作为内衣的裲裆

◀ 河南洛阳西朱村曹魏大墓出土琥珀童子骑羊俑，以交叉线刻表现裲裆

◀ 出土的裲裆实物
① 甘肃玉门花海毕家滩墓出土
② 新疆吐鲁番阿斯塔那墓地出土

（一）作为内衣的两晋裲裆

裲裆作为衣服的文字记录较早出现在《晋书》中，当时是把它作为女性内衣看待的。西晋时期，逐渐流行起女性内衣外穿的风尚，《晋书·五行志》载"元康末，妇人出两裆，加乎交领之上"。至于男性何时将裲裆着于最外暂时无考，但或许和裲裆铠甲的使用有关。而考虑到同时期妇女喜好佩戴斧钺兵器首饰的风气，以及早在三国曹植的《先帝赐臣铠表》中就出现了裲裆甲，外穿裲裆或许也是对裲裆铠甲的模仿。因此推测裲裆的发展逻辑为，首先裲裆甲（包含其衬服）被男性外穿，其后同兵器首饰一样被女性应用、模仿来彰显飒爽之气，于是到了《晋书》的总结时才只讨论女性外穿作为"服妖"（即服饰怪异，在古人的历史观看来，奇装异服的流行会预示天下之变）。

（二）铠甲与衬服，男装裲裆的源起

在三国曹植的《先帝赐臣铠表》中出现了作为防具的铁裲裆甲，北朝民歌《企喻歌》中亦称"前行看后行，齐着铁裲裆"。而布质裲裆似乎是作为甲胄内衬以抗磨损之用的，如南朝沈约在《宋书·柳元景传》中记录"安都怒甚，乃脱兜鍪，解所带铠，唯着绛纳两当衫，马亦去具装，驰奔以入贼阵"，武将薛安都在阵前脱下铠甲，只穿裲裆作战，那么这里的裲裆应该就是垫在铠甲之下的布衣了。北魏考古图像资料中的非铠甲性质的裲裆，则出现于孝文帝迁都洛阳之后的时代。

▲ 河南洛阳北魏郭定兴墓出土
着皮裲裆甲的人俑线图

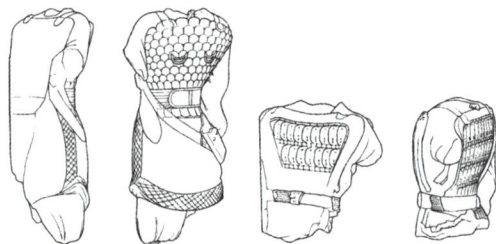

▲ 河南洛阳北魏永宁寺遗址出土裲裆甲影塑像残块线图

▲ 河南洛阳北魏永宁寺遗址出土裲
裆甲影塑像残块
◀ 甘肃敦煌莫高窟西魏第 285 窟壁
画中穿裲裆甲的骑兵

（三）礼服，裲裆的身份转换

定都洛阳时期的北魏到北齐初的裲裆，还有着比较明显的军事性质。唐李延寿《北史·阳休之传》中记录阳休之身披裲裆甲参加北齐文宣帝高洋（529—559）的郊天礼，被魏收嘲讽穿着不合礼仪，阳休之回应"我昔为常伯，首戴蝉冕。今处骁游，身被衫甲。允文允武，何必减卿？"可见在阳休之本人看来，裲裆是符合自己武将身份的服饰。

到了北齐武成帝高湛河清年间（562—565），在所定的宫卫制度中，裲裆的正式性提高了，"其领军、中领将军，侍从出入，则着两裆甲，手执枹杖。左右卫将军、将军则两裆甲，手执檀杖"，成为仪仗性质的着装之一。此时的武官也已经在衫外披上与裲裆铠形制完全相同的布制或革制裲裆，作为自己的公事制服，文官亦效仿之。这种礼仪性质的裲裆衫一般内搭袴褶，但更多不是缚袴而是大口的袴。

◀ 河南洛阳北魏永宁寺遗址出土裲裆影塑像残块，着具有礼仪性质的裲裆衫

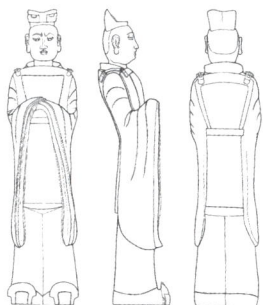

◀ 河北邯郸湾漳北朝大墓出土大文吏俑线图，着礼仪性质的裲裆衫

三、要温度也要风度：披袍

在不少头戴风帽的北朝陶俑中，同时披着一件像斗篷一样的衣服，但是却有两只袖子，这种衣服按今人习惯叫作披风，唐代人的文字记录中更多称之为披袍。披袍的诞生最初应当是以北方保暖防风的实用功能为主的，墓葬之中的陶俑所着披袍往往是厚重的皮毛材质。这种服装也常常作为戎装的一部分出现。有趣的是，虽然披袍有袖子，但目前看到的穿着方式均是将其披在肩上而袖子空置，胳膊并未套进袖子里。在新疆吐鲁番鄯善苏贝希墓地中出土了一件皮制的袍子，其两袖是手臂不能伸入的装饰性假长袖，这或许是鲜卑族披风袖子空置的历史渊源之一。

▶ 披在肩上的披袍
① 加拿大皇家安大略博物馆藏河南洛阳北魏元纂墓出土武士俑
② 河北衡水景县北朝封氏墓群出土武士俑
③ 河南洛阳北魏永宁寺中着披袍的残像

▲ 甘肃敦煌莫高窟北周第 290 窟着披袍的人物形象

▲ 山西太原北齐徐显秀墓壁画中着披袍的男墓主像

▲ 新疆吐鲁番鄯善苏贝希墓地出土皮袍（公元前 5—前 3 世纪）

说汉话、着汉服：南北方服饰的交织

和北朝的汉化、模仿追求礼制相反，华夏正统、衣冠南渡的南朝士大夫反而显得放荡不羁，极力摆脱礼教束缚。下面首先介绍衣冠南渡之后南朝流行的着装风尚，在此基础上讨论此种情形对北朝的影响。

一、南朝本土的豪放风格

（一）宽袍大袖

在南方，由于天气炎热和这一时期服用五石散风气的流行，宽大的衫取代包裹严密的袍服成了人们日常的衣物。衫是一种袖口不收祛的广袖单衣，前胸和手臂都可以比较方便地裸露在外，有利于散热。

南朝宋刘义庆的《世说新语》中就记录了东晋孝武帝在冬季"昼日不着复衣，但着单练衫五六重"的习惯，江苏南京南朝砖刻壁画《竹林七贤与荣启期》很好地刻画了这种褒衣博带的着装风尚。《晋书·五行志》中也有"晋末皆冠小而衣裳博大，风流相仿，舆台成俗"，可见宽大的衫成为士人主要的常服。

受衫流行的影响，本来是小袖、便于活动的褶也走向了广袖风格。如果从目前发现的南方墓葬情况对六朝的服饰进行分析的话，东晋至南朝宋早期衣袖还保留着窄直袖的特点，此后刘宋时期袖口逐渐加大，但是直袖也仍有保留和使用。到了梁、陈二朝时，广袖更为宽博，甚至出现了曳地的样式，即使是仆役、兵卒等身份较低之人，袖式也以宽直袖代替了之前的窄直袖。

▲ 江苏南京西善桥南朝墓出土《竹林七贤与荣启期》砖画

（二）巾帻和帽

1. 幅巾

　　为了搭配这种风流且不拘礼法的衫，南朝士人的首服也发生了变化，不再局限于汉代男子那种士人戴冠而平民戴巾帻的礼制。从东汉末年开始，士人就把戴巾看作不做官的象征，《三国志·华歆传》中身为豫章太守的华歆去见孙权长兄孙策，就是专门不戴进贤冠而是"幅巾奉迎"以示恭敬。西晋征南大将军羊祜，也用"角巾东路"来表示自己平定孙吴后不再做官的决心。

　　进而，巾成了风雅不浊的象征。东晋裴松之注《三国志》就说"汉末王公，以幅巾为雅"，以至于像四世三公兼作为将领的袁绍也戴巾。到了东晋南朝此风更甚，《世说新语》中介绍，从事中郎谢万就"着白纶巾，肩舆径至扬州听事"；在《竹林七贤与荣启期》砖画上，也可以看到阮咸、向秀、阮籍和山涛扎巾的形象。

▲ 《竹林七贤与荣启期》砖画中扎幅巾的山涛

2. 平上帻与小冠

　　相较于巾，帻则因为东汉以来和冠的融合而逐渐成了正式的首服。还是上文那位扎白纶巾的谢万，在《太平御览》引《世说新语》佚文中记录其去见晋简文帝司马昱时，就不敢那么"潇洒"了，因事出仓促而"无衣帻可前"，倒是司马昱表示无伤大雅——"但前，不须衣帻"，于是谢万那标志性的白纶巾再次登场。这条记录既说明士人着巾的日常程度，也体现出帻已经被视为正式朝服官服的一部分。

　　在第一章中介绍了帻分为尖顶的介帻和平顶的平上帻两种，汉代官员佩戴的这两种帻均是有耳的帻。东汉晚期的汉桓帝延熹年间（158—167），"京都帻颜短耳长"，即当时帻颜题渐短，后耳增高，呈现出前低后高的趋势。至西晋，帻的后部更高，前低后高的造型愈发明显，如湖南长沙金盆岭9号墓出土西晋永宁二年（302）陶俑头戴的进贤冠，其后部的高度已经比前面的颜题部分高出了一倍，且帻顶向后升起的斜面上，还出现两纵裂，可贯一扁簪，横穿于发髻之中。

▲ 湖南长沙西晋永宁二年（302）金盆岭9
号墓出土头戴进贤冠的陶俑

▲ 湖南省文物考古研究所藏西晋时
期长沙赤岗冲1号墓出土骑马俑

　　平上帻还存在一种无耳的帻，这种前低后高的趋势在其上也有所体现。其开始
形成一种斜面，并且同上文介绍的介帻一样，在前部还会用扁簪固定，这种扁簪称
为"导"，到南北朝时期逐渐发展成看起来像眼睛一样的饰品。从目前的考古发现
来看，这种施加导的帻可能是南方冠饰，其最早在两晋的南方地区出现，但不见于
同期北方的十六国，直到北魏迁洛之后才突然出现在北方。

▲ 帻与导的演进
① 湖北荆州博物馆藏荆州八岭山连心石料厂一号墓出土西晋青瓷俑
② 江苏徐州茅村内华北朝墓出土彩绘陶男立俑
③ 江苏南京富贵山东晋墓出土执盾武士陶俑
④ 河南邓县南朝画像砖墓墓门壁画《门吏图》局部
注：图②陶俑年代在徐州博物馆被认定为北齐时期，但笔者获知此文物并非经过科学考古发掘，而是墓葬遭
破坏后再度征集获得。从陶俑的文物特征分期断代来看，应为东晋时期的产物而并不具有北齐特征

这里还需要解释一下小冠和平上帻的关系。帻从体系上来说不能等同于冠，但是平上帻被称作小冠，可能是因其形制更多像"冠"的式样。《晋书·五行志》中说："晋末皆冠小而衣裳博大"，从考古发现来看，两晋以来男性头戴"约发而不裹额"样式的小冠子，应当就是这种缩小到不能再遮住额头的平上帻演变而来的。平上帻在整个南北朝时期也出现过一些款式上的变动，标准的"小冠"式平上帻大概出现在南朝宋、齐时期，尺寸很小，仅能掩盖住发际线，冠的上缘还保留着无耳的帻的圆弧状态。进入北魏时期后，除了这种圆弧的款式，还发展出上缘中央向内凹陷的款式，并逐渐成为主流，一直沿用至唐代（唐代称为平巾帻）。另外，从尺寸来看，由南朝宋、齐到唐代，平上帻逐渐变大，恢复到了那种遮盖额头、近乎帽子的样式。

◀　平上帻的演进——圆弧形状的平上帻
① 河南邓县南朝画像砖墓墓门壁画《门吏图》局部
② 江苏丹阳南朝金家村墓武士砖画局部
③ 河南洛阳北魏元怿墓壁画局部

◀　平上帻的演进——尺寸变大，出现上缘中央向内凹陷的款式
① 河北磁县北齐高润墓壁画《武士图》局部
② 宁夏固原北周李贤墓壁画《持刀武士图》局部
③ 宁夏固原隋代史射勿墓壁画《武士图》局部

◀　平上（巾）帻的演进——尺寸更大，几乎成为帽子
① 陕西礼泉县唐长乐公主墓壁画局部
② 陕西咸阳唐章怀太子墓壁画局部

3. 帽

帽在这一时期也逐渐摆脱"小儿与蛮夷"的限制，进入日常穿戴之中。首先被使用的是白帢（qià），这是来自曹操的发明："魏武帝以天下凶荒，资财乏匮，始拟古皮弁，裁缣帛为白帢，以易旧服"。

白帢最早应该是一种用白绢制作的类似皮弁的帽子，因其颜色为白，与丧服孝帽十分相似，还被东晋时期的干宝吐槽有"凶丧之象"。下图中展示了十六国南北朝时期画像上白帢的样子，不过按史料记载，白帢本没有图中前低后高、中间凹陷的情况。《晋书》中说是曹魏时期著名的美男子荀彧戴着这样的白帢出门，撞到树枝，导致帽顶凹陷下去，此后被争相模仿蔚然成风，才有了"岐"这种分叉的样式。

▲ 十六国和北魏平城时期的白帢
① 甘肃张掖高台县骆驼城苦水口 1 号墓出土《魏晋双人歌舞》画像砖局部
② 山西大同北魏司马金龙墓出土漆画木板屏风局部

另外，同样按照《晋书》所载，曹操为了便于分辨正反，规定"横缝其前以别后，名之曰颜帢"。因其名颜，应该和此前汉代"颜题"的情况一致，是能够覆盖额头的，晋以后则改为流行"无颜帢"，不再覆盖额头。《世说新语》中王坦之受到僧人支道林嘲讽，原因之一就是"着腻颜帢"，以还戴着老旧款式的颜帢来隐喻其思想守旧。

▲ 南朝的白帢
① 四川博物院藏川博 3 号背屏式造像背面供养人像，南朝梁中大通五年（533）
② 四川成都西安路 4 号背屏式造像背面及其拓片，可以看到佛像左右两侧各有两名头戴白帢的男性供养人，南朝梁大同十一年（545）

在南朝流行的帽子中，统治者和官员们常戴白纱帽和乌纱帽。《隋书·礼仪志》记录南朝宋、齐的时候，"天子宴私，着白高帽，士庶以乌"。《宋书·明帝纪》中记录，前废帝刘子业死后，宋明帝刘彧被迎入宫即位，他却仍然戴着臣子的乌纱帽，建安王刘休仁赶紧"呼主衣以白帽代之"，即让他换成白帽。《资治通鉴》亦记录南朝宋的将军王敬则杀宋后废帝刘昱后，"手取白纱帽加道成首"，拥立后来的齐高帝萧道成登基。《梁书·侯景传》里，侯景也有"自篡立后，时着白纱帽"的行为，可见白纱帽在南朝被看作皇帝的象征。

唐代阎立本所绘制的《历代帝王图》中，两位陈帝的白纱帽形似弁而大，但从《隋书·礼仪志》记"其制不定，或有卷荷，或有下裙，或有纱高屋，或有乌纱长耳"来看，这一时期的帽的款式比较多样，大概都是在胡汉交融下借鉴北方并发展、创新和改良而来的。如《南齐书·五行志》载南朝齐武帝萧赜永明年间（483—493），流行过有后裙的"破后帽"，这大概是一种和鲜卑风帽接近的款式。而到了明帝萧鸾建武年间（494—498），又将后裙翻折而上，颇似北朝的折角巾。到了东昏侯萧宝卷在位时期（499—501），则干脆"因势为名""又造四种帽"，这些花样百出的帽子在士庶之间普遍流行。

▼ 唐阎立本《历代帝王图》中戴白纱帽的陈废帝和陈文帝

① ② ③

▲ 南朝齐时期流行的帽子可能介于图①和图②③之间
① 陕西西安洪庆原十六国梁猛墓陶俑所戴合欢帽线图
②③ 山西太原北齐徐显秀墓壁画和山东青州傅家庄北齐线刻画像石中的折角

（三）木屐：雅俗共着，登堂入室

为和流行的宽袍大袖风尚相搭配，高头的履和木屐也在这一时期广为流行。

与褒衣博带的衣服搭配时，前段翘起的高头履可以起到约束衣裾、防止绊倒的作用，在前文所附《历代帝王图》中，陈废帝和陈文帝身边的侍者脚上，就可以看到这种高头履，且笏头和斧头形状的高头履尤为流行。

高头履在正式场合应用较多，而在非正式场合，人们则喜欢穿木屐。早在上古时期，我国南方先民就已经开始穿着木屐了，这大概和南方多雨、湿热的气候有关，如良渚文化范围内的宁波慈湖遗址、杭州余杭卞家山遗址均有木屐出土。史上还有孔子穿着木屐的记录，他的木屐还被作为国宝收藏在西晋的皇家武库里。

◀ 陕西西安咸阳国际机场北周郭生墓石棺前挡线图，门吏亦着高头履

▲ 河北磁县湾漳北朝大墓出土大文吏俑所穿高头履

到了魏晋六朝，有关木屐的穿着记录更加多彩。《晋书·高祖纪》里，在司马懿和诸葛亮的最后一次交锋中，就有因为关中多蒺藜，所以士卒"着软材平底木屐前行"的记录。不过木屐的造型更多应当是出于踏泥、防水需求的硬质高屐，三国时期吴国的朱然家族墓地就有这种木屐出土。这双木屐为髹漆，圆形头，按照《晋书》的说法"初作屐者，妇人头圆，男子头方。圆者顺之义，所以别男女也"，应该是家族中女性的鞋子。而到了西晋武帝太康年间（280—289），男女鞋款逐渐不再做明确区分，女性也开始穿起方头木屐。当然，在《晋书》这本喜欢大谈妖异征兆的史书里，自然又免不了一番故弄玄虚的抱怨了，认为"此贾后专妒之征也"。

▲ 安徽马鞍山三国朱然家族墓地出土木屐的复制品

一开始，士人只是在非正式的工作场合穿木屐，如东晋军事家谢玄听说淝水之战以少胜多，虽然表面淡定讲"小儿辈遂已破贼"，实则心中高兴到"不觉屐齿之折"，可见他在军中办公时仍着木屐。但这一时期恐怕还不能在正式朝会上穿木屐，如晋代《义熙起居注》就记载了作为皇帝身边散骑常侍的徐应桢，因着木屐出入官府被参而丢官的事。

但到了南朝，这种限制就被放开了。南朝宋武帝刘裕就经常跟左右侍从十几人一起"着连齿木屐"出神虎门闲逛；南朝齐的大臣蔡约鄙视废帝自立的齐明帝萧鸾而"蹑屐"到席，作为对比，其他官员则要以脱鞋进殿面上作为礼仪。一般来说，史书记载会使用"脱履"来描述官员入朝见君主的礼仪，以"剑履上殿"作为特殊待遇，但是《南齐书》记录这一事件时使用的文字却不是"履"，而是"屐"，可见木屐在这一时期已经普及到朝堂这种正式场合。

（四）麈尾：贵族气质的象征物

额外值得一提的是，这一时期的士人们还喜欢手持麈（zhǔ）尾扇，这几乎成了风流名士必不可少的配饰。

麈是《说文解字》等书中所说的一种大鹿（可能是麋鹿一类），取其尾巴上的毫毛置于扇子上，就成为麈尾扇。还有一种说法认为，麈尾扇可能是从使节所持旄节（一种装饰有牦牛尾的棍子）发展而来，因而具有指挥的含义。这样的说法比起认为麈尾扇是初始版本的拂尘、能起到清洁作用的观点更为合理，因为在成都出土的南朝佛造像中，已经可以看到同时期长尾拂尘的存在了。另外麈尾也不是孙机先生认为的"羽扇纶巾"的羽扇，古代统帅用来指挥三军的是一种专门使用鹤羽制作的羽扇，如《晋书·陈敏传》中说"（顾）荣以白羽扇麾之，敏众溃散"，《北齐书·陆法和传》中也记录"法和执白羽麾风，风势即反"，但是并未看到使用麈尾作为同义词替换描述的情况。

▲ 四川成都商业街8号背屏式造像线图及左侧菩萨塑像，菩萨手中所持为长尾拂尘而非麈尾扇

▲ 持麈尾扇的仙人形象
① 河南洛阳出土北魏画像石棺局部
② 山西忻州九原岗北朝墓壁画局部

在魏晋时期，麈尾扇可能先是作为部分有权人士的象征，后来才逐渐普及，成为士人日常清谈时的必备之物。不过这类扇子扇风或拂尘功能的实用性并不强，《世说新语》中记载孙盛与殷浩互相谈玄争论不休，甚至挥掷麈尾，以至于上面的兽毛"悉脱落，满餐饭中"，看来麈尾在扇上并不牢固，剧烈摇晃时容易脱落。在谈玄时，麈尾扇也只是作为装饰使用而已，并没有实用性的功能，也可用其他物品替换。如唐姚思廉在《陈书·张讥传》里记载"时索麈尾未至"，陈后主就取松枝给张讥，让它替代麈尾使用。

▲ 麈尾扇经历了麈毛从位于扇子顶端左右两角到周身分布的变化
① 山东临沂吴白庄汉墓画像石局部
② 东晋顾恺之《洛神赋图》局部
③ 河南邓县南朝彩色画像砖局部
④ 唐阎立本《历代帝王图》局部

从各种图像资料来看，麈尾扇经历了其上兽毛越来越多的演进过程。汉代到刘宋时期的砖画上可见的麈尾还是扇顶部有左右对称的两段麈毛，东晋顾恺之所作《洛神

赋图》中也是如此。而到了北魏后期的石刻中，兽毛数量已经逐渐增加，且有满布之意。再到南北朝的后期，造像碑和高士图上的麈尾扇已经几乎变成了柄加兽毛的样式，扇面几乎已经完全萎缩，这样的麈尾最终定型，直到五代之后，麈尾扇逐渐不再使用。

▲ 麈尾扇的形象
① 四川成都西安路 1 号南朝道教造像碑
② 陕西西安北魏田良宽造像碑
③ 唐孙位《高逸图》局部

▲ 日本正仓院藏麈尾扇

二、北魏孝文帝的汉化改革和南方对此风格的吸收

如前所述，南北服饰在这一阶段的很长时间内是有着较大差异的，但是这种差异在数百年的交流之中，既有客观也有主观地产生过融合，其中最典型的莫过于北魏时期的汉化改革在服饰上的体现。

（一）孝文帝之前北魏的汉化尝试及其在服饰上的表现

在著名的孝文帝改革之前，北魏实际上也有汉化的尝试。北魏甫一迁都平城，道武帝拓跋珪就进行了一系列融入汉族和中原地区服饰文化的尝试。如天兴元年（398），拓跋珪"命朝野皆束发加帽"，这种帽子应该就是在北魏平城时期大量墓葬陶俑中看到的帽子：顶部呈圆形（男性所戴多有向后下垂的情况），帽的前沿位于额部，脑后及两侧有垂至肩部的垂裙，可起到保暖挡风的作用。而此前的拓跋鲜卑，更有可能像东汉和十六国墓葬壁画中那样是披发结辫的。

▶ 宁夏固原北魏漆棺画中鲜卑形象的舜，头戴脑后有垂裙的鲜卑帽

▲ 甘肃嘉峪关新城 3 号墓中被认为表现鲜卑族生活的场景，可以看到披发结辫的形象

北魏道武帝天兴六年（403），服饰改革进一步深化，"诏有司制冠服，随品秩各有差"，不过这次的尝试，似乎并不是完全依照汉族习俗，因而北齐魏收在《魏书》中评价为"时事未暇，多失古礼"，并且很快在史料中隐晦地暗示此次改革遭到了阻力，最终被废止。道武帝天赐二年(405)，虽未有明确记载服饰的变化，但在这一年具有游牧民族特色的西郊祭天又一次取代了南郊祭天，所穿服饰亦应当是恢复到了鲜卑民族服饰。因为根据此后平城时代服饰的考古资料来看，北魏的服饰依然延续着男性戴帽、着小袖袴褶的习惯。这种传统在此后很长时间里都没有本质的改变，《南齐书·魏虏传》里提到，到了北魏太武帝统治时期（424—452）仍然是"稍僭华典，胡风国俗，杂相揉乱"。山西大同阳高457年北魏尉迟定州墓、461年的梁拔胡墓等墓葬中的文物风格仍然保持着这样的情况。

（二）孝文帝时期的汉化措施和南北关系在服饰上的表现

到了孝文帝时期，全面而彻底的服饰和其他汉化改革才真正开始。平城期间，在冯太后的主导下，太和十年（486），孝文帝朝会开始穿戴中原皇帝的衮冕服。迁都洛阳后，又"班赐冠服"于群臣，并禁止穿胡服，要求鲜卑和其他北方少数民族一律改穿汉人服装，这种转变在洛阳时期的北魏墓葬中可以看到。孝文帝的服装改革大量参考了同期南方政权的服饰，大袖上衣与大口缚裤成为主要着装，而更正式的服装则使用上衣下裳和蔽膝的组合，头上亦戴冕或冠。

▲ 大袖上衣与大口裤
① 河南洛阳北魏正光六年（525）元怿墓壁画
② 河南洛阳北魏永安元年（528）曹连墓石棺线图

▲ 河南洛阳北魏宁懋石室线刻图中，
上衣下裳着装的贵族宁懋形象

孝文帝的改革在服装方面和南朝联系颇多，这可能和最初主持这部分改革的刘昶、蒋少游都是宋人有关，但是因为北魏与南朝在"天命"与合法性问题上的争夺，北魏的改革必然是以遵从古制为标榜，并且在一定程度上体现北方特色。除服饰外，这一时期墓葬形制上也比平城时期更接近晋代风格，这和北魏的正统论从汉统到西晋的转变有关，其中以不设壁画的宣武帝元恪景陵尤为典型。此外，武弁大冠在这一时期成为笼冠的演变亦可佐证，笼冠在目前出土的考古学证据中仅见于洛阳时期的北魏及其后续政权，而不见于同期南朝。到了北魏孝明帝熙平二年（517），衣冠制度脱离南朝而接近晋代的现象更加明显。建于孝明帝孝昌年间（525—527）的河南郑州巩义石窟的《皇帝礼佛图》，比起北魏宣武帝景明元年（500）始建的洛阳龙门石窟《皇帝礼佛图》，在曲领中单等方面更加符合西晋舆服制度的规定。

▲ 曲领中单增加的演变过程
① 河南洛阳龙门石窟《皇帝礼佛图》局部
② 河南郑州巩义石窟《皇帝礼佛图》局部
③ 甘肃敦煌莫高窟西魏第 288 窟的男性供养人形象

出于对"天命"的争夺，有一条虽然颇有争议的史料却可以帮我们理解北朝的心态。成书于东魏时期的《洛阳伽蓝记》记载，陈庆之北伐到洛阳，惊叹"衣冠士族，并在中原"，认为北魏的礼制比南朝完善，因此自己着衣"悉如魏法"，并带动了南朝士庶的风尚，从此才"褒衣博带，被及秣陵"。

前文已经介绍了南朝一直拥有的"褒衣博带"风气，因此陈庆之到洛阳后南梁才有这个风尚未必属实，更有可能是《洛阳伽蓝记》成书时期时人对自身荣誉的感叹。同期北方史料中，多处可见对南方窄小衣裳嘲讽的描述，这些记载还请读者辩证看待。唐李百药的《北齐书·杜弼传》中，神武帝高欢感叹"江东复有一吴儿老翁萧衍者，专事衣冠礼乐，中原士大夫望之以为正朔所在"，这种对南朝的看法更接近事实，也更能从统治者的角度感受到这种竞争的压力。但与此同时，北朝的衣冠越发完善，以至于超出陈庆之的认识倒有可能为真。北魏末年以来，以褒衣博带为荣、为正统确实在北方服饰中越发明显，河南洛阳永宁寺的造像残片、河北磁县湾漳北朝大墓中的人俑，甚至能看到大袖几乎曳地的情况。

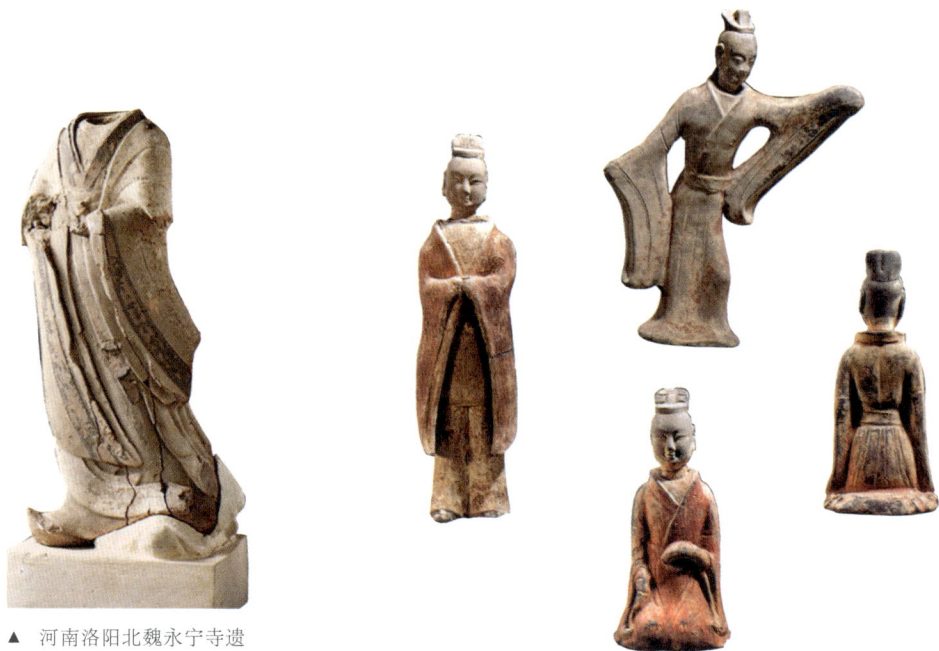

▲ 河南洛阳北魏永宁寺遗址出土的影塑像残块

▲ 河北磁县湾漳北朝大墓出土陶俑

不过有趣的是，南朝陈徐陵的《与顾记室书》中倒是记录了陈庆之受北方影响的一件事：正月十五日的大朝会上，陈庆之的儿子"虏袍通踝，胡靴至膝"前来参加，显然这是一身极具北方少数民族风格的不合礼仪的着装，因而遭到尚书仆射徐陵的责备。

三、洛阳与六镇：有所为的反叛者

（一）壁画中所见北齐、北周的服饰

北魏的这次改革也有很多反对的声音，《魏书》中的《咸阳王禧传》《任城王澄传》记录了孝文帝出巡归来时的一次抱怨，他发现妇女之服"仍为夹领小袖"，呈现北魏前期服制的特征，这和他之前担心的那种倒退"仍旧俗，恐数世之后，伊洛之下复成披发之人"相一致。

《魏书·东阳王丕传》记录了北魏宗室大臣元丕对汉化改革极为不满，在满朝"衣冕已行，朱服列位"的情况下依然着小袖袴褶，不愿稍加弁带。而后在太和二十一年（497）爆发的穆泰、元隆、陆叡等人反对孝文帝改革的叛乱之中，元丕果然成为幕后支持者。

这种鲜卑保守贵族的态度，反映出汉化改革在受到欢迎的同时也有阻力，甚至孝文帝的太子元恂也拒绝父亲赠送的衣服，"解发为编，服左衽"，恢复鲜卑族旧日的着装，并从洛阳逃回平城。

这种传统和新风尚之间的分裂很快就在北魏爆发了更严重的危机，孝文帝去世后不到30年的时间，北魏北境六镇就爆发了起义和叛乱，并最终导致了北魏王朝的分裂和灭亡。这种结局未必如历史学家陈寅恪所说，是一种"胡汉民族之间的对立"，而更像是在戍边六镇这一远离汉化改革核心区域的贵族和军人，同洛阳地区迅速汉化的贵族之间，因政治发展获利不同而爆发的矛盾，只不过这种矛盾在爆发过程中逐步以文化差异和民族冲突的方式表现出来。总之，北魏之后的东魏—北齐、西魏—北周几代王朝，都表现出一定程度的反对汉化的浪潮，北周文帝宇文泰赐予身边重臣鲜卑姓氏，甚至身为汉人的北齐神武帝高欢，在军队中发号施令，使用的也是鲜卑语。这种"再鲜卑化"和胡化，无疑在服饰上也会表现出来。

这一时期墓葬中所见的服饰，虽然也有延续北魏洛阳时期宽袍大袖的衣裳和袴褶，但同时也可以见到大量的圆领或交领窄袖长袍，以及帽后披裙的鲜卑帽。圆领衫袍并不是鲜卑族的传统服装，更有可能是西域地区流传进入中原的服饰，而后这种服饰逐步结合中原习惯从对襟变为右衽偏襟，长度也逐渐加长，就成了隋唐一直到明代都有穿着的圆领袍。

▶ 山西太原北齐娄睿墓壁画《持班剑仪卫图》，人物着偏襟的圆领袍

▲ 甘肃敦煌莫高窟西魏第 285 窟男性供养人壁画，着对襟的圆领袍

▲ 新疆博物馆藏民丰尼雅遗址（东汉时期）出土的浅蓝色长袖绢衣，此衣虽为女墓主穿着，但形制接近于左图的圆领袍的形制

（二）从粟特人看丝绸之路和民族交流

正如圆领袍从中亚地区传入北朝的情况所示，《隋书·礼仪志》记载北齐"后主末年，祭非其鬼，至于躬自鼓舞，以事胡天"，又载北周"欲招来西域，又有拜胡天制，皇帝亲焉"，这里的"胡"并不是鲜卑人的意思，而是指从西域过来的胡人，更有可能，指的就是粟特人。

古代粟特人生活在中亚阿姆河和锡尔河地域一带，因地处东西、南北交通的十字路口而成为欧亚大陆文化交流的中介。粟特人善于经商，在古代丝绸之路上十分活跃。粟特人的国家是在绿洲中的城邦国家，如以撒马尔罕为中心的康国，以布哈拉为中心的安国，以及史、何、米、曹等国。魏晋南北朝时期，首位来到孙吴地区传播佛教的僧人康僧会是康国人，而开创了"曹衣出水"绘画风格的北齐画家曹仲达，则是曹国人。

《三国志·蜀书·后主传》载"五年春，丞相亮出屯汉中"，这一条在裴松之的注里引了当年三月的诏书，其中有一句"凉州诸国王各遣月支、康居胡侯支富、康植等二十余人诣受节度，大军北出……"，此处的"康居胡侯支富、康植"正是来自康国的人。《魏书》中还提及过一位安同，称他的祖先是"汉时以安息王侍子入洛。历魏至晋，避乱辽东，遂家焉"，此处的"安息"延续到《隋书》成书时都是指粟特安国。这些记录可见粟特人当时在中原活动范围之广、涉及领域之丰富。

从上面这些人的名字中不难发现，中亚粟特人没有姓氏、只使用名字，还有一些这一区域的胡人来中原后，使用自己的国家名为姓，这一时期的史书统称他们为"昭武九姓"。如果在史书中留心，很容易发现更多熟知的人和粟特与中亚存有渊源——是的，我们熟知的唐代安禄山、史思明等人的祖辈正是来自这里，后文还会再次介绍他们对中原文化的影响和对唐代服装风格的冲击。

在本土的城邦之中，粟特人有时会以武士或其他形象出现，但是来中原的粟特人，绝大多数还是从事商业贸易的商人。目前所见最早的有关粟特商人在中国活动的记录，是 1907 年在甘肃敦煌发现的西晋末期的粟特文古信札，让我们得知当时从甘肃武威到首都洛阳，都有粟特人进行贸易活动。

而 20 世纪末 21 世纪初，随着一批从北朝到隋代的不同类型、风格的粟特墓葬的陆续出土，学界发现更多考古方面的资料和粟特的关联，比如北齐时期的山西太原娄睿墓、徐显秀墓以及山东青州龙兴寺佛造像上，都可以看到与粟特人相关的内容，正是这些"证经补史"加深了我们对这一时期的认知，对从魏晋到隋唐的服饰演化方面的研究也从中受益。

一方面，在我国本土出现的这一时期的粟特墓葬之中，已经可以在葬俗、服饰上看到一些他们融入中国的倾向。中亚地区的粟特人因为祆教（即琐罗亚斯德教）信仰，死后会把尸体运送到安息塔上，由狗或猛禽食掉尸肉，把剩下的骨骸放入纳骨瓮中二次安葬。但是在中原的粟特人则开始使用同期流行的石堂和石棺床作为葬具，在这类葬具上所雕刻的人物服装中，也可以看到女主人和侍女在燕居之时着汉服、生活在汉式庭院的情形。

▶ 陕西历史博物馆藏北周粟特人安伽墓石棺床，是一种明显受到中原影响的丧葬方式
▼ 乌兹别克斯坦穆拉库尔金地区的纳骨瓮，是本土粟特人的丧葬方式，上面的祭司等人物形象的服饰亦体现出受到波斯影响的中亚特色

▶ 安伽墓石棺床彩绘《夫妇宴饮图》及线图，可以看到女主人和侍女在燕居之时着汉服、生活在汉式庭院的情形，对坐的男主人则着典型的粟特服装

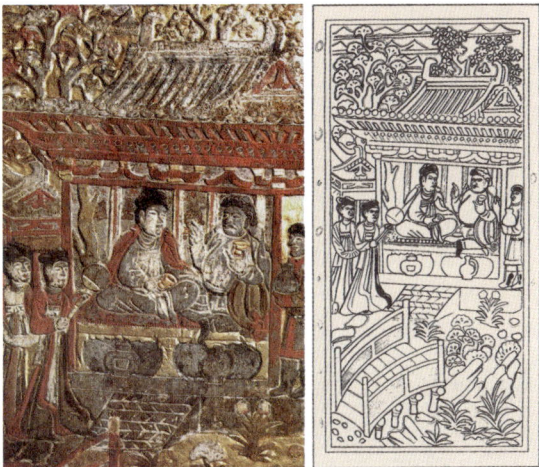

另一方面，这些墓葬也帮我们认识到，北朝到唐代的中国日常生活中有着来自西域的习俗和日常物品。粟特人身着圆领窄袖紧身长袍，画中出现的胡旋舞场景、葡萄叶、骆驼等北朝到唐代习以为常的事物皆具域外特征。尤其在发型方面，如甘肃天水麦积山石窟西魏第 123 窟，过去很长一段时间人们一直认为其中的童男塑像是头戴毡帽，现在结合粟特人的图像判断，也有可能是齐耳短发的粟特发型，头上还有一条辫子，这种发型在山西大同市北朝艺术博物馆藏的不同胡人牵骆驼俑上也可以看到。

▲ 粟特人的剪发发型
① 安伽墓石棺床彩绘《奏乐宴饮舞蹈图》线图
② 山西太原沙沟村隋代斛律彻墓出土骑驼俑
③ 甘肃天水麦积山石窟第 123 窟人俑剪发留辫的发型（复制品）
④ 山西大同市北朝艺术博物馆藏胡人俑剪发留辫的发型

5 世纪晚期的内蒙古正镶白旗伊和淖尔 1 号墓，为我国境内目前发现的纬度最高的北魏贵族墓群，这已经是后来"六镇"概念的区域（即北魏在北部边境设置的六个军镇的统称，大致分布于西至今内蒙古包头市固阳县、东到河北省张家口市张北县一带）。出土的鎏金錾花银碗上装饰的忍冬纹和圆形环饰，是波斯萨珊王朝和中亚艺术中的常见纹样，人物所戴圆形帽属于中亚样式。从这些器物可以看出北魏人民经草原丝绸之路，与周边诸族的文化交汇。

在宁夏固原北周天和四年（569）李贤夫妇合葬墓中，发现了一批来自中亚、西亚的遗物。据宁夏文物考古研究所前所长罗丰推测，李贤之所以能拥有这些西域物品，是因为他曾经长期掌控敦煌一线丝路要塞的大权，所以他本人不难通过商人获得此类珍贵的萨珊系统的金银器。

◄ 丝路沿线受到中亚、西亚文化影响的文物
① 内蒙古正镶白旗伊和淖尔1号墓出土鎏金錾花银碗
② 宁夏固原李贤夫妇合葬墓中出土鎏金银壶线图

　　这种社会风尚及胡人形象的存在，都体现了民族间的不断交融。除器物外，习俗的融合在服饰上的体现也相当明显，联珠纹就是典型代表。

　　《北齐书·祖珽传》记载，北齐官员祖珽家中有"山东大文绫并连珠孔雀罗等百余匹"，这里的"连珠孔雀罗"，指的应该就是有这种联珠纹图样的织物。从定义来看，联珠纹是以连续的圆珠组合形成条带、菱格或围绕在圆形主题图案边缘的纹样。

◄ 新疆阿斯塔那169号墓出土北朝联珠孔雀纹锦覆面及其纹样复原图

　　这种纹样的文化特征可以追溯到波斯和粟特文化，而其宗教属性则主要与祆教相关。在祆教经典《阿维斯陀》中，胜利之神韦雷特拉格纳的化身包括马、骆驼、野猪、羊等，所以在典型的粟特服饰上，可以看到衣服的领沿、袖口、上肩和下裾都缘以联珠纹边饰，而联珠纹中间就有这些动物的形象。

◄◄ 日本平山郁夫丝绸之路美术馆藏6世纪野猪联珠纹刺绣残片
◄ 美国波士顿美术博物馆藏河南安阳出土石雕双阙上的粟特人形象，其衣服的领沿、袖口、上肩和下裾都缘以联珠纹边饰，这是典型的粟特服饰

从 6 世纪中期开始，在新疆吐鲁番阿斯塔那墓地以及甘肃敦煌的壁画和彩塑上，便有大量联珠纹织物实物或图像，而这一时期正是粟特人大量进入中国、中原胡风盛行的时期。不过对于中国来说，联珠纹锦的意义可能更多在于其新奇的样式，而非欣赏其背后的文化内涵。因此，他们更倾向于模仿并结合自身的观察和理解，将这些外来元素融入自己的艺术创作中，从而形成了一种新的文化形态。如山西太原北齐徐显秀墓壁画上的联珠纹样，实际上是伊朗系统的图像进入佛教王国后与佛教图像相融合的产物，是伊朗一印度混同文化东渐的结果。这种情况到了唐代，便发展出更灿烂的大唐风尚。而联珠纹并非唯一一种传播开来的图案，长得像爱心一样的生命树树叶纹也是同样的情况。

▲ 中国丝绸博物馆藏北朝云气树纹织锦局部，排列布局延续了汉代织锦的构成方式，这和联珠纹截然不同

▲ 山西太原北齐徐显秀墓壁画上的菩萨联珠纹

▲ 乌兹别克斯坦撒马尔罕壁画上粟特人的生命树树叶纹服饰线图

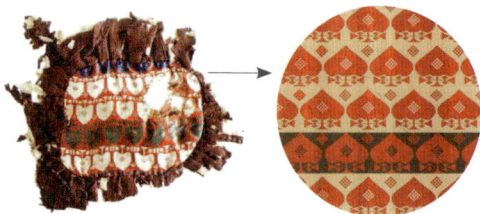

▲ 新疆吐鲁番阿斯塔那墓出土北朝生命树树叶纹锦覆面及其纹样复原图

▶ 人物衣服上的生命树树叶纹饰
① 甘肃敦煌莫高窟北魏刺绣《佛说法图》局部
② 山西大同云波里北魏墓壁画上的鲜卑人物形象

隋唐二轨制男装的出现

人物头戴尚不加巾子而显得低矮的幞头；身着白色圆领襕袍，上有对孔雀联珠纹装饰；腰系銙带，上有鞶囊；穿靴；手持埋鞘环首刀。

▶ 隋代着圆领袍服的武士形象
参考陕西潼关税村隋代墓壁画绘制

人物头戴衬有高耸而不前踣的巾子的幞头；身穿宽大的红色襕袍内搭半臂；腰系有银质带銙的腰带，上有银鱼，腰间插有笏板；穿靴。

▶ 盛唐向中唐过渡时期的官员形象

纹饰参考中国丝绸博物馆藏仙人跨鹤纹襕袍绘制

人物头戴硬裹幞头，后插柳叶形
的长帽翘；外穿黑色缺胯袍，侧
开衩高至胯部，内穿饰有蓝色花
纹的红色锦袍以及下摆打褶的白
色长袖；腰系红色带鞓的銙带；
穿靴；手执鹊尾炉。

▶ 唐末五代供养人形象
参考甘肃敦煌文书和壁画中的供养
人画像和河北保定五代王处直墓、
陕西咸阳五代冯晖墓壁画及石雕综
合绘制

承接此前的北朝，隋唐是一个包容且多元的时期。隋文帝杨坚是北周的外戚，虽然在夺取北周皇位后，名义上恢复了不少此前汉人的服饰制度（如第一章中谈及的，不再使用北周那种独特的冕服与冕冠），但经过长期的民族融合与文化交融，北方少数民族中的合理文化与习惯已经融入中原地区。

从隋唐开始，我国服装也出现了二轨制的特点，即承续汉式二部式上衣下裳的着装，用作礼服，将北朝以来流行的圆领袍用作常服。如第一章中所介绍的，冕服依然是这一时期最正式而隆重的服饰，在唐阎立本的《历代帝王图》中，可以看到身着衮冕的隋代皇帝形象，上身着玄色冕服，下身着绛色及地长裙，腰间系蔽膝，脚蹬如意头赤舄。隋唐时期，名义上冕服的应用场合有所扩大，不仅在祭祀中，在登基、纳后、举办功宴时都可使用，但实际上因为冕服过于隆重，穿着场合并不多。在不穿冕服的正式场合，皇帝会头戴通天冠，身着朝服。其后宋明时期的通天冠造型基本与唐代一脉相承。

二轨制中的另一条轨道，就是延续自北齐、北周时期的圆领袍服了。受到此前胡服大为流行风气的影响，圆领袍在隋唐很普及，上至皇帝、下至百姓皆有穿着，样式几乎相同，只以材质、颜色和革带头等的不同来区分身份。有趣的是，这一时期的圆领袍服，经过大量的融合、改造，已经成为时人心中的本土服饰代表，区别于唐朝人口中的"胡服"。在这一节中，我们首先介绍作为日常穿着的圆领袍服的演变及其搭配，然后再讨论这种包容与多元的文化影响，及其在唐朝后期因受安史之乱的冲击而产生的逆反。正是这些冲突，带来了"唐宋之变"，让此后的着装走向新的风格，而这将是下一章的内容。

一、雅俗共赏：圆领袍及其搭配

（一）圆领袍：唐朝人也穿假两件

1. 圆领袍的演进和分化

圆领袍是一种连身通裁的服装，这一点区别于上衣下裳；样式为圆领，在这一点上又区别于右衽交领的服饰。圆领的衣服其实早在汉代的新疆就有出现，但只是在小范围内作为内衣穿着，而大约魏晋时期的新疆若羌楼兰壁画墓中，也出现了一位着红色圆领贯头衫的男性，并出土了左衽圆领袍实物，但是这些都和我们在本节讨论的圆领袍并不直接相关。正如上一节所述，在南北朝阶段，很长一段时间内流行的并不是圆领的着装，直到和粟特人有大范围接触的北齐、北周时期，这一类衣服才大范围见于出土图像和其他实物资料中。在古人的文字记载中可见，唐朝和宋朝人一般称这类圆领袍为上领，明代称之为圆领、团领或盘领，因今日普遍称其为圆领袍，故本书中以此统一称之。

◀ 新疆民丰尼雅精绝国遗址出土高领套衫，不开襟，高圆领领口有绢带，扎紧可防风沙，为当地男子内衣，时代约为东汉同期

◀▲ 新疆若羌楼兰魏晋壁画墓出土LE城壁画局部和左衽圆领彩绘绢衫

◀ 内蒙古伊和淖尔3号墓出土毛圆领皮衣，这一墓群墓主可能由高车（北朝人对漠北一部分游牧部落的泛称）或中、西亚民族迁徙而来

隋唐时期的圆领袍延续了北齐、北周的风格，但是固定为右衽，衣身、袖口紧窄。北齐、北周的圆领袍长度到膝盖左右，开衩也相对较小；后来随着圆领袍的加长以及高坐具的流行，两侧的开衩也变高，以便运动；到了中晚唐时期，这类侧开衩由于内搭衣服的延长索性变得极高，几乎到了胯部。这类侧面有开衩的圆领袍，根据《新唐书·车服志》的记载，可以称作"缺胯袍（衫）"。

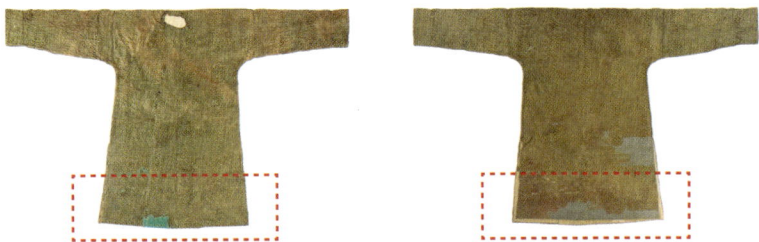

▲ 日本正仓院藏唐代大歌绿绫袍正背面
可以看到这件衣服红框处的开衩

相较于缺胯袍，另一类圆领袍则在下摆处有明显的横向拼接的痕迹，这种拼接并非布料不足时的权宜之计，恰恰相反，唐朝人有时还会专门通过改变布料方向、不对花纹等方式使拼接变得格外醒目，这显然是故意为之。这类横向拼接，称之为"襕"，这种有横向拼接、侧面不开衩的圆领袍也因此得名"襕袍"。《隋书·礼仪志》中记载北周保定四年（564），"百官始执笏"的同时"宇文护始命袍加下襕"，这是文字资料中襕袍的初现。在中亚地区并不见圆领袍下摆加襕的习俗，这可能是北周时期一系列恢复周礼的复古运动中的一部分——以横向的襕模拟上衣下裳的视觉效果，是一件实打实的由本土服饰演进而来的"假两件"。

▲ 甘肃武威天祝县唐慕容智墓出土襕袍
可以看到这件衣服红框处的接襕

①

②

▲ ① ②甘肃武威天祝县唐慕容智
墓出土襕袍复原图

◀ 中国丝绸博物馆藏唐代仙人跨鹤纹襕袍
可以看到这件衣服红框处的接襕

隋代的圆领袍衫在样式上总体延续了北朝后期的风格，通身紧窄，且幞头配圆领袍成为常见穿搭，北朝那种小冠或脑后垂裙的鲜卑帽基本不见。《隋书·礼仪志》记载了隋初的服饰情况，虽如前文所说，隋文帝划分了朝服、公服，但实际并未得到严格执行。百官常服与普通人日常着装没什么区别，都是穿着圆领袍，甚至没有颜色上的区别，从皇帝到大臣"皆着黄袍，出入殿省"，只以腰带来区分身份。在出土的隋代墓葬图像中，可以看到袍衫底部出现了襕，不过穿着这种衣服的人物身份多样，既有乐人，又有门吏仪卫，可见袍衫下设襕在这一时期还不是区分等级的标识。

◄ 隋代的圆领袍（衫）
① 山西太原隋代虞弘墓出土乐俑线图
② 宁夏固原隋代史射勿墓《门吏图》局部
③ 陕西潼关税村隋代壁画墓《武士图》局部

根据历史阶段划分和文物分期，大体可以把唐代分为高宗及以前、武周至睿宗、玄宗开元天宝年间以及安史之乱后四个阶段。总体而言，从唐初到唐末（可以延续至五代时期），唐代的圆领袍服呈现一种逐渐加肥、加大的趋势。

初唐的圆领袍基本延续了隋代风格，衣长介于膝与小腿之间，从一些图像表现来看，似乎是因为受到隋末动乱和民生经济凋敝的影响，服装放量更为紧窄。武周至睿宗时期，袍身明显开始变得宽松，但袖口还是较小的，衣长已经流行长及脚踝处。到了玄宗时期，尤其是天宝年间，圆领袍变得极为宽松，有大量褶皱堆积，衣长依然长及脚踝，有些甚至及地，袖口也开始变宽，这一时期缺胯袍变得更为流行。

安史之乱后到唐末，由于这一时期社会动荡和薄葬风气，导致物质资料相对稀少，暂时无法做出更细致的服饰风格划分，但是从唐代晚期的陕西西安韩家湾29号壁画墓、晚唐及五代时期的甘肃敦煌莫高窟壁画、五代墓葬壁画的人物形象上，依然可以看出他们所穿服饰的相似性。这一时期的肩部线条不再如此前一样被强调，可能是圆领袍内不再搭配半臂穿着的结果。同时，本阶段襕袍少见，而缺胯袍却十分流行，风格上仍然延续着玄宗时期博大乃至拖沓的特征，人们为了炫耀自身的富贵，甚至一度流行过后摆曳地的款式。以至于到唐文宗时期，不得不限制男性服装"衣曳地不过二寸，袖不过一尺三寸"。此外，缺胯袍两侧的开衩变高，到大腿至胯部，甚至五代时两侧开衩的部分能露出内部服装打褶襞积的结构。

▲ 唐高宗及以前较为窄小的圆领袍
① 陕西咸阳三原县李寿墓壁画局部，唐太宗贞观五年（631）
② 北京故宫博物院藏唐阎立本《步辇图》局部，唐太宗时期

▲ 唐武周至睿宗时期圆领袍的肩部有扩展的趋势
① 陕西渭南唐景云元年（710）节愍太子墓壁画局部
② 陕西咸阳唐景云二年（711）章怀太子墓壁画局部

► 唐玄宗时期发展为极宽的圆领袍
陕西西安唐开元二十八年（740）杨思勖墓石椁人物线刻图局部

▲ 中晚唐时期的曳地圆领袍
陕西西安韩家湾29号墓壁画局部

▲ 唐末五代时期加宽的袖子及对深色尤其是黑色圆领袍的偏好
① 英国大英博物馆藏甘肃敦煌五代《水月观音图》供养人像
② 河北保定五代王处直墓壁画局部

2. 服色制度：身份识别的新逻辑

在唐代，圆领袍的服色制度被固定下来，此前汉代朝服的那种"以冠统服"的等级区分被以服装颜色区分的方式代替。黄袍象征皇权的至高无上，紫、绯、绿、青等颜色分别代表不同的品级，而白袍和皂袍则主要为平民百姓所穿着。

以服装颜色区分身份是从北齐开始的，到了唐代，天子延续隋代皇帝喜服黄袍的习惯，后颜色渐用赤黄；官员服色大抵以紫、绯、绿、青四色来定官品高低。最初庶民也可用黄色，这一颜色和皇帝所用的黄色并没有明显区分，直到唐总章元年（668）皇帝下令百姓不许着黄。

唐代对圆领袍服的服色做出规定，也反映出圆领袍服已取代朝服、公服的地位，成为一套常用的工作着装。元脱脱等撰的《辽史·舆服志》中说："五代颇以常服代朝服"，其实不用等到五代，唐文宗于开成元年（836）正旦已穿常服接受朝贺。为使官民有别，唐代对民间的服饰亦有要求，制定了严格的服色制度，名义上平民不可着紫、朱、青、绿四种颜色外出行走，以免无法分辨等级贵贱。这种以服色区分身份的情况与第一章中介绍的汉代以冠统服的制度产生了差异，并一直延续到明代（表5）。

表5　唐代至明代的服色制度

品级	时期						
	唐代					宋代	明代
	武德四年（621）	贞观四年（630）	上元元年（674）	文明元年（684）	太和三年（829）	元丰元年（1078）	洪武二十六年（1393）
三品及以上	紫	紫	紫	紫	紫	紫	红（绯）
四品	红（朱）	红（绯）	深红（绯）	深红（绯）	红（朱）		
五品			浅红（绯）	浅红（绯）		红（绯）	青
六品	黄	绿	深绿	深绿	绿		
七品			浅绿	浅绿			
八品		青	深青	深碧	青（许通服绿）	绿	绿
九品			浅青	浅碧			

参考文献：《旧唐书·舆服志》《新唐书·车服志》《通典》《宋史·舆服志》《明史·舆服志》《大明会典》。

而黑白二色的服饰则没有诸多身份限制，既是平民百姓日常生活中的主要服装色彩，也会被官吏士人穿着。白袍一般为官吏平时或燕居时穿着，唐肃宗与谋臣李泌同出，就有观者谓二人"着黄者圣人"和"着白者山人"的记录。新进士、未仕文人、山逸野老亦着白袍。而黑袍，唐初仅规定为官吏和士兵穿着；中唐之后，百姓开始多服黑袍；唐末五代，因其军容象征，极为流行。

▲ 甘肃酒泉榆林窟第 25 窟着白袍的老人像

▲ 美国弗利尔美术馆藏甘肃敦煌《水月观音图》中着黑袍的曹氏归义军供养人像

（二）靴子：隋唐时期男装的革新

在唐代，与圆领袍搭配的是靴子，其完全不同于汉晋时期的鞋履。靴子虽然并非新鲜物件，新石器时代晚期就已经存在了，战国时期赵武灵王的胡服骑射中也包括靴子，但一直到南北朝，靴子更多是作为一种专门的军事服饰。

唐代是靴子转变为日常乃至官员限定服饰的转折点。正是由于唐朝人将圆领袍作为日常服饰穿着，因此靴子也随之流行开来。新疆维吾尔自治区博物馆藏唐代靴子的实物，这种长靿靴由 6 块皮革加鞋底缝制组成，也称乌皮六合靴。

◀ 新疆维吾尔自治区博物馆藏唐代乌皮六合靴及其线图

唐代同期的青海都兰塞哈日赛墓地 7 号墓出土了吐蕃皮靴，与唐靴实物基本相似，只是靴筒十分宽松，这可能与高寒地区穿着的衣裤更厚有关。但是从文字记录来看，也有不少唐靴的靴筒十分宽松，甚至可用于藏物。如在《新唐书》的《李光弼传》《李训传》中，都有在靴中藏刀的记述，而《王锷传》里甚至记录他"在淮南时，尝得无名书，内靴中"，即靴筒中可以放下一本书随身携带，想来是有一定空间的。

▶ 青海都兰塞哈日赛墓地 7 号墓出土吐蕃皮靴

◀ 美国芝加哥艺术博物馆藏唐至宋时期的女式缂丝靴子

（三）革带和鱼符、鱼袋

1. 銙带

用来搭配圆领袍使用的腰带，已经和战国两汉时期那种使用带钩的腰带产生了极大差别。3世纪以来，使用带扣的銙带取代了带钩，成为腰带的主要形制。銙带由鞓、銙、尾和带扣四部分组成。这种銙带发展至5—6世纪时，北方的款式逐渐由龙凤云气镂空装饰的桃形或方胜形状简化成圆环或古眼（长方形的穿孔）的样子并固定下来。

▲ 辽宁北票喇嘛洞墓地出土带銙线图

▲ 美国大都会艺术博物馆藏西晋鎏金铜带板

隋唐时期，因为圆领袍搭配幞头十分常见，因此区分身份的方式就从冠和绶带转移到腰带上来。用环数的多少和材质的差异来表示地位的尊卑，其中玉銙带最为高贵，在北周即有体现，如唐令狐德棻的《周书·侯莫陈顺传》记载，西魏大统四年（538）"魏文帝还，亲执顺手曰：'渭桥之战，卿有殊力。'便解所服金镂玉梁带赐之"。

隋朝更是明确规定贵臣服九环带，天子则服十三环带。近些年的考古发现正好补充了十三环带的实物，隋炀帝杨广与萧皇后的合葬墓出土了十三环金玉带，这是符合帝王规制的。但也有特殊情况，如北周武帝孝陵出土的十三环带銙材质为铜，这可能跟武帝宇文邕"身衣布袍，寝布被，无金宝之饰"的艰苦朴素的生活作风有关。

▲ 隋炀帝杨广与萧皇后合葬墓出土十三环金玉带銙

▲ 陕西咸阳北周武帝孝陵出土十三环铜带銙

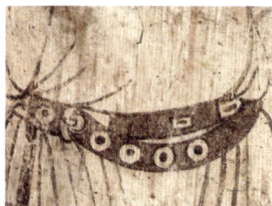

▲ 陕西潼关税村隋代壁画墓局部，可见带銙很长，使用时带尾需要绕到背后塞入带身与衣服的空隙中

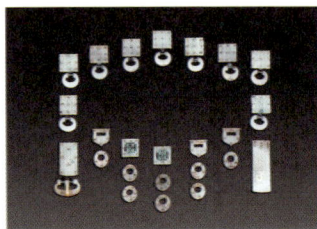

唐代还对銙带的使用进行了进一步的规范，唐高祖武德四年（621）规定"天子用九环带，百官士庶皆同"。材质上，天子、亲王和三品以上官员用玉銙，四品、五品官员用金銙，六、七品用银銙。此后规制在此基础上有时略有更改。唐代銙带多为黑鞓，到五代开始流行红鞓，这一风气延续到宋代。

2. 蹀躞带

谈到古时为人熟知的腰带，就不得不说起唐代的蹀躞带。"蹀躞"一词用于形容腰带究竟含义为何，目前学界仍有一定争议。本书采取孙机先生的观点，认为蹀躞带是带鞍上垂下来的系物之带，垂蹀躞的革带则称为蹀躞带，因而将其与上文中和西晋时期的銙带有演进关系的銙带略作区分，但是在唐代这种区分已经不大（虽然实际上唐代人可能更多使用"跕鞢"二字，到北宋沈括撰《梦溪笔谈》时，才看到蹀躞带之名）。以悬垂有小带装饰或系物的銙带为蹀躞带，唐初之时对官员使用的蹀躞带有明确要求，《旧唐书·舆服志》中规定"武官五品以上佩跕鞢七事"，包括佩刀、刀子、砺石、契苾（bì）真、哕（yuě）厥、针筒和火石袋。

佩刀和刀子分别是劈砍用的兵器长刀与切割用的工具小刀，砺石是用于磨刀的石头，火石袋则用来收纳用于打火的火石，这四件物品的用途相对明确。剩下三件则缺乏肯定的答案，本书中所列仅是一种推测，实际情况还有待更多考古或文献证据：针筒最初应该是用于装针的小筒，内蒙古通辽市辽代陈国公主墓中就出土了一件精美的錾花金针筒，但针筒有可能在此时也被作为装纳小型文件的工具使用；哕厥和契苾真则可能是来自少数民族的语言，哕厥的具体词意未知，但是陕西宝鸡法门寺窖藏中有一套蹀躞铜十二事，其中的觿（xī，古代一种解结的锥子），可能就是哕厥，是一种中国自古以来就存在的用来解绳结的工具；契苾真被认为是和契苾这一突厥民族有关的物品。

当然，正如法门寺窖藏中的蹀躞铜十二事所示，蹀躞七事只是初唐时期对五品以上武官的要求，实际上蹀躞带所有人都可以使用，蹀躞带上所悬挂的物品也不局限于这七种。唐睿宗景云年间（710—711），文官上朝时就可以不佩戴刀子、砺石，转而悬挂手巾、算袋。到了唐玄宗开元初年（713），干脆取消了官员蹀躞七事的佩饰。此后官员所用，就又回到了古眼銙带的样子。蹀躞带虽然退出了朝服体系，却在民间流行开来，到玄宗时期的壁画和塑像上，经常能看到侍从特别是着男装的女性侍从使用，这和开元天宝年间胡风流行，从而有女着男装的风尚有关，这时候的蹀躞带也经常不再额外悬挂物件，而是仅悬挂狭窄小带作为装饰。

安史之乱后，蹀躞带在中原地区使用越发减少，到宋朝时，人们已经完全不再使用这种悬挂方式，宋代的带銙上也几乎不见凿眼了。不过在北方辽金地区，蹀躞带仍有使用，甚至到了清代，官吏行装所佩的忠孝带上所挂帉、刀、荷包等，仍有蹀躞遗风。

▲ 陕西西安唐金乡县主墓出土陶俑，腰间佩有蹀躞带

▲ 山西万荣唐开元九年（721）薛儆墓捧包裹侍女线图，腰间配有蹀躞带

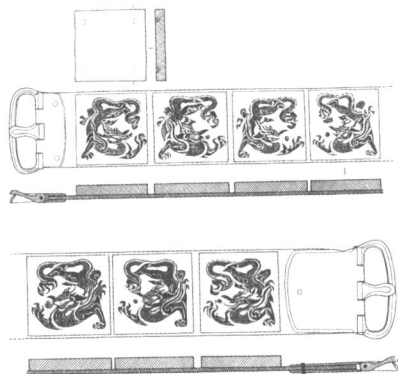

▲ 四川成都五代前蜀王建墓出土玉大带及鉈尾线图
带銙已无用于悬挂系带的凿眼

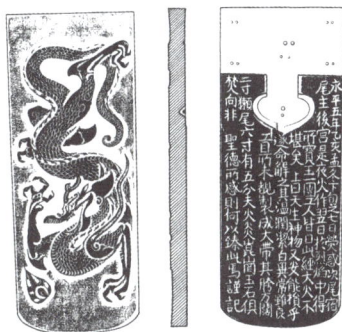

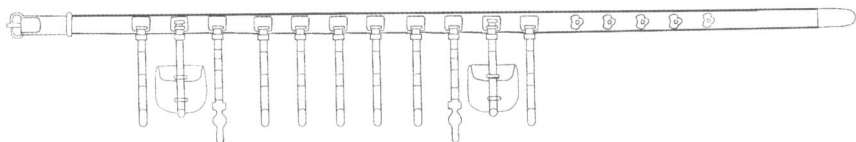

▲ 内蒙古通辽辽代陈国公主墓出土的驸马身上所系的蹀躞带线图

正如在汉代佩绶可放在鞶囊之中，隋唐时期在腰间也可悬挂鞶囊作为放置杂物的小包，不过因为唐代印章使用方式以钤朱淘汰了封泥之制，印的尺寸也有所扩大，并且不再使用官印绶带而改用品色衣识别身份，所以唐代鞶囊已经未必是盛放印绶之用。从出土的墓葬壁画中可以看到，唐前期的鞶囊多为圆形，后期则逐渐流行马蹄形。

3. 鱼符、鱼袋

相较于汉代官员的印绶，唐代官员腰带上需要挂上的身份证明变成了鱼符。鱼符是一种发展自秦汉虎符的防伪凭证，隋代虽然有文字记载存在鱼符，但似乎唐代的鱼符并没有与之形成延续。一般认为，唐朝人使用鱼符是出于避讳和追求祥瑞的考虑。唐高祖李渊祖父名李虎，为避其名讳，唐代虎符最早是被记作"菟符"的，大概是取自楚人称虎为"於菟（wū tú）"。后由于李唐视同音的"鲤鱼"为祥瑞，所以在唐高祖武德元年（618）将菟符改为鱼符。这种追求祥瑞的观点有一旁证，即武则天称帝后，鱼符被更改为龟符，取玄武与其姓氏同音的祥瑞之义，而神龙元年（705）唐中宗李显甫一登基，立刻将龟符改回鱼符。

正如鱼符的来源虎符那样，鱼符是通过左右两半的阴阳刻画能够合模来实现对勘功能的。隋唐时期的鱼（龟）符均分左右二符，刻有"同"字，其下有具体身份说明。唐代的鱼符虽仍然保留着和虎符一样的军事传令作用，但又发展出了其他功能，如有一类鱼符被称作"随身鱼符"，可以起到类似现代身份证或通行证的作用。

▲ 首都博物馆藏龟符及内部结构

▲ 陕西咸阳唐杨全节墓出土左内率铜鱼符

▲ 唐代"九仙门外右神策军"鱼符拓片

根据《旧唐书·舆服制》《唐六典》等书记载，随身鱼符最早是颁发给五品及以上文武职京官，作出入宫廷使用，上面会刻制佩戴者的具体姓名以供识别，若官员去职或亡故，鱼符就被追收。但是这一规矩很快被打破，唐高宗永徽五年（654）取消了追收亡故官员佩鱼的规定，到武则天统治的垂拱二年（686），地方的都督、刺史等官员也开始被允许使用鱼符。接任的唐中宗在景龙年间（707—710），令特进（即唐代不理事、只作为待遇标准的散官官阶中的一级，为正二品）佩鱼，使得使用鱼符不再拘泥于实任职务，而是依照散官待遇发放。而到了玄宗时期（712—

756），官员们彻底"终身佩鱼，以为荣宠"，鱼符也逐渐流为一种彰显身份的佩饰而失去实际作用。在佩鱼制度中，不同身份的鱼符材质不同，"皇太子以玉契召，勘合乃赴。亲王以金，庶官以铜"。

▲ 陕西咸阳唐章怀太子墓壁画局部，侍从手中持鱼符，鱼尾处系有钥匙

因为鱼符直接佩带在身上容易损坏或丢失，所以自唐武德以来就出现了配套使用的装鱼符的袋子，称作鱼袋。鱼袋在材质上也有等级区分，三品以上官员鱼袋饰金，四品、五品饰银。唐中宗时期，鱼袋和品服并列对等，紫色官服佩金饰鱼袋，绯红官服佩银饰鱼袋。汉代的"紫印金绶"以为尊，变成了唐代的"紫袍金鱼"。

因为唐代的官员待遇更多依靠散官，所以一些官员未到某品级而获得使用超品级的鱼袋和品服的资格时，就会被专门写出，如唐白居易的《白氏长庆集》中，就多次使用过"中大夫守秘书监上柱国赐紫金鱼袋臣白居易"的自称。中大夫在唐代是文散官第九阶，从四品下，却可以穿紫袍使用装饰金饰的鱼袋，这是三品及以上官员的待遇，因而标注"赐"以示荣宠。

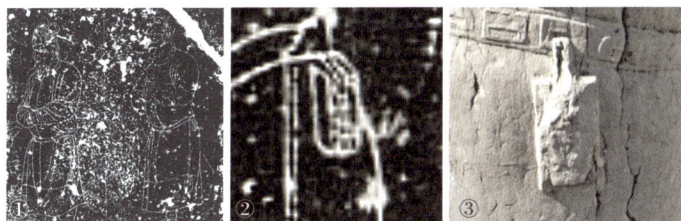

◀ ① ②唐《凌烟阁功臣图》刻石中宰相萧瑀佩戴的鱼袋
◀ ③陕西咸阳唐乾陵六十一蕃臣石像上佩戴的鱼袋

从唐代的图像资料来看，早期的鱼袋还是一个长方形的袋子，上面有金属装饰。发展到晚唐、五代时期，鱼袋变形为一方形木匣，以不同材质装饰其上以区分身份等级。如宋欧阳修所撰《新五代史》中记录后晋将领安重荣"以为金鱼袋不足贵，刻玉为鱼佩之"。

五代至北宋的鱼袋多为方木上有两道或三道拱形装饰，到南宋逐渐废弃不再使用。而辽金两国却保留下佩鱼的制度，一直延续到元代。到了明朝，随着腰牌的使用，佩鱼彻底退出了历史舞台，以至于明朝人在刻画鱼袋时，真的就在腰间绘制一条鱼形的袋子，可见此时人们对鱼袋的形制已经完全失去了认识。

◀ 明朝书籍中理解错误的鱼袋形制插画
图片来源：筋深之渊

▶ 北京故宫博物院藏五代周文矩《文苑图》中的鱼袋

二、半臂：内穿还是外穿？

唐朝人在圆领袍之下，往往还会穿着半臂。半臂是一种短袖、交领、有腰襕和腰带的衣服，目前能够看到的唐朝人最早使用半臂一词，是在新疆吐鲁番阿斯塔那29号墓唐高宗咸亨三年（672）出土的《新妇为阿公录在生功德疏》中，有"帛绸绫半臂一腰"一条。虽然半袖衣服在汉代和北朝都已见到，但它们和唐代男性所穿半臂是什么关系，还需要更多的证据来说明。唐代男性半臂和女性常穿在外的半袖也不一定是同源的，后者可能是女性在魏晋时期穿两裆和在其后穿褙子之间的过渡。

▲ 山西太原北齐娄睿墓出土着半袖衣服的胡人俑

唐代男性所穿的半臂，按照规定是一种内穿的衣服，唐马缟在《中华古今注》中提及是太宗朝宰相马周建议"士庶服章有所未通者，臣请中单上加半臂，以为得礼"，因此就定下半臂穿于中单之外、袍衫之内的规矩。但也正是内穿的缘故，导致我们对这类服饰的识别和断代存在一定的困难。盛唐时期出于对健壮美感的审美强调，在着圆领袍的人物画像和陶俑膨胀的肩部，能很明显地看见不符合人体的突出线条，这应当是这一时期穿在里面、相对硬挺的半臂的功劳，起到了垫肩的作用。

▲▶ 在圆领袍上可以看到内里所穿半臂的轮廓
① ② 陕西西安唐鲜于庭诲墓出土三彩釉陶骆驼载乐俑
③ 陕西西安唐金乡县主墓出土陶俑

盛唐时半臂颇为流行，不着半臂显得很不随俗。唐张泌《妆楼记》说"房太尉家法，不着半臂"。房太尉即房琯，就是在咸阳陈涛斜以春秋车战之法对付安史叛军而大吃败仗的那位极其保守的指挥官。他在家时不着半臂，或自以为是遵循古制，但在当时不免会被视为奇怪的人。

但是在更多时候，内穿半臂并不容易被识别，这使得半臂被有打褶下襕的长袖取代的具体时间段暂时无法确定，一般认为到唐中晚期半臂的流行程度已经不及此前。在文献资料中，如唐末五代王定保撰《唐摭言》记载方干因"唇缺"而被调侃"止见半臂着襕，何处口唇开袴"。方干（809—888）是唐宪宗至僖宗时期的人，半臂被用来随口开玩笑，可见此时的人们应当还有内着半臂的习惯。在物质资料方面，四川成都后蜀宋王赵廷隐墓（950）仍有着半臂男俑的存在，但其只作为乐手的着装。同时期更多的诸如甘肃敦煌石窟供养人画像和墓葬壁画石刻中，人们已经不再穿半臂了。

半臂虽然是内穿，但在一些场景中能看到唐朝人将袍、衫一侧袖子脱去，由后向前反系于腰间，露出里面穿半臂的情形，陕西富平唐开元十五年（727）李邕墓壁画中所绘的《打马球图》正是如此。《旧唐书·韦坚传》也提到，玄宗天宝二年（743），陕县尉崔成甫"白衣缺胯绿衫、锦半臂，偏袒膊，红罗抹额"，这一场景也应当是相似的着衣状况。

◀ 陕西富平李邕墓壁画《打马球图》局部，可以看到右臂脱去红色圆领袍后露出的半臂

尽管偶尔半臂会外露，但是出于内穿的礼节，也只露一小部分，很少有图像可以完整地展示半臂的全貌。不过甘肃敦煌莫高窟第116窟北壁的一幅《遇强盗图》略显巧思，通过人物展开外衣的场面，向我们展示了袍服内的半臂及其异色的下襕。这也通过图像资料印证了文字定义的"加下襕"。过去很长一段时间，国内出土的半臂实物中并没有接下襕的完整半臂，这使得相关工作人员对半臂的复原不得不依靠日本正仓院所藏文物，但正仓院文物与唐代中国本土文物的关系还存在一些争议，

如日本半臂因为外穿而经常使用锦制下襕，而唐人半臂应当很少使用有明显图案的织锦作为下襕。好在 2019 年甘肃武威慕容智墓出土了三件完整的半臂，均是"交领右衽、附襕如裙，带与襕同，襕在腰侧收有襞积，以方便活动"，使我们对半臂有了更完整的了解。

▲ 甘肃敦煌莫高窟盛唐第 116 窟北壁壁画人物所穿半臂

▲ 甘肃武威慕容智墓中出土的半臂

▲ 日本正仓院藏茶牒缬絁半臂

　　正如上文提到的陕县尉崔成甫所穿的"锦半臂"，以及慕容智墓实物所见，唐代半臂多用锦制成。唐杜佑《通典》所列当时扬州的土贡之中，也有"半臂锦"一项。可见这种布料是有一定价值的。在中晚唐时期李濬所著《松窗杂录》中，还有这样一则故事：说唐玄宗的何皇后担心自己年老色衰失去恩宠，特意提及年少时自己父亲"脱新紫半臂，更得一斗面，为三郎生日汤饼"，即用锦半臂换面给唐玄宗过生日。唐玄宗听后"戚然改容，有悯皇后之色"。但史料中并不见玄宗有姓何的皇后，故此书故事真实性存疑。但是这则故事既为唐朝人编造，可见半臂所用的锦价值不菲，以至于这份当掉半臂换食物的恩情成为当时人认为皇后邀宠的合理理由。也正因此，慕容智墓出土的这件半臂才采用了肩部拼接的做法，在最容易被展示出来的肩部使用中亚风格的番锦，很可能是为了炫耀。四川成都博物馆收藏有一件对鸟纹与对兽纹肩部拼接的锦半臂，陕西西安唐金乡县主墓中出土人俑的半臂也是如此。

▲ 四川成都博物馆藏唐团窠对兽纹夹联珠对鸟纹半臂

▶ 陕西西安唐金乡县主墓出土人俑，露出圆领袍之下一侧的织锦镶拼半臂

第 四 节
唐代的胡化及其反面

一、陵阳公样与皇甫新样

隋唐时期的织锦，承接了北朝后期粟特人带来的联珠纹样，又不断和本土审美融合、创新，从联珠与猛兽的组合发展成植物和飞鸟的组合，形成了唐代织锦的风格。

对唐代织锦进行断代与分期，进而讨论它们之间的关系，就不得不提及三个人和他们所创造的布料纹样。

第一位是何稠以及他仿照波斯锦创造出来的唐锦。何稠是北周到初唐时的人，有研究推测他的祖上是来自何国的粟特人，他在隋代时受命仿照波斯进贡的联珠纹锦缎，织造出新的以联珠环团窠动物纹为主的布料。

▲ 新疆吐鲁番阿斯塔那唐墓
出土唐代野猪纹锦

▲ 中国丝绸博物馆藏联珠翼马人物纹
锦纹样图

第二位所创造的布料常被称为"陵阳公样"，这是唐代最为绚烂、不断推陈出新的款式，它的创作者为窦师纶。2008年陕西咸阳出土了《唐代窦师纶暨妻尉氏墓志并盖》，使得窦师纶的身世和履历更加明晰。唐高祖李渊得知窦师纶好道教，所以以"仙经有陵阳子"为由封其为陵阳郡开国公，是"旌所好也"，后来窦师纶发明创造的布料样式也就被称为"陵阳公样"了。史书记载其图案多为"对雉、斗羊、翔凤、游麟之状"，这是继仿制波斯锦之后，唐代发展出来的具有中国特色的团窠图案。

结合对陵阳公样的文字描述和出土实物，这种从联珠纹发展而来的团窠纹样大概可以分为三个演进阶段：初唐时尚且总体保留着联珠纹的整体结构，不过有时联珠会被小花或其他相似结构替代，那种有祆教特色的野猪等动物纹样也逐渐变为龙凤等中国本土动物纹样；武周以后至盛唐时期，联珠纹的小珠彻底变为卷草纹样，如慕容智墓中出土服饰上的团窠卷草立凤纹、中国丝绸博物馆藏唐代布料上的立狮宝花纹锦均是如此；中唐以后，随着佛教信仰的流行，则又发展出宝花纹（也就是宝相花）样式。

▲ 新疆吐鲁番阿斯塔那唐墓出土的联珠对龙纹绫纹样图

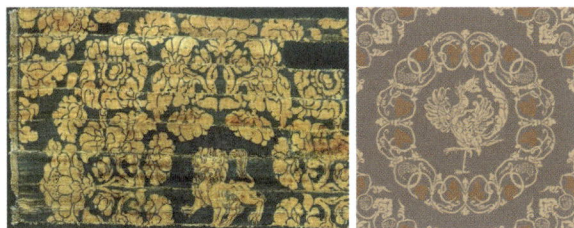

此纹样的布料多有出土，目前所见最晚为景云元年（710）双流县折绸绫一匹。联珠对龙纹绫虽然也有联珠圈，但联珠圈已经不是上文中见到的单层，而是双层，并且外圈也不再是圆珠组合，而是改为小圆环。

▲ 中国丝绸博物馆藏唐立狮宝花纹锦

◀ 甘肃武威慕容智墓出土紫地团窠卷草立凤纹锦纹样图，联珠圈已经变为卷草

这种纹样的转变在唐代官员服饰的规定上也有所体现。《旧唐书·舆服志》载武周天授二年（691），刺史们获赠了新的衣服，"于背上绣成八字铭"；武周延载元年（694），三品及以上的文官们也得到了紫色的绣字衣服，图案依据身份、官职不同而有所区别，如"诸王饰以盘龙及鹿，宰相饰以凤池，尚书饰以对雁""左右卫饰以麒麟，左右武威卫饰以对虎，左右豹韬卫饰以豹，左右鹰扬卫饰以鹰"等，这种绣字衣服的风格和布局大概类似于下图这张日本正仓院所藏文物的样式。陵阳公样的范式延续了数百年，直到内蒙古赤峰辽代耶律羽之墓出土的团窠卷草对凤织金锦，仍可看作是陵阳公样风格的直接继承。

◀ 日本正仓院藏唐代蒲桃团窠迦陵频伽纹绫《最胜王经》帙及其纹样图

第三位所创造的布料纹样，其名称最早出现于《旧唐书》中，依据此中记录我们称之为"新样"，它出现的时间在唐玄宗开元二年（714）前后，创作者是当时的益州司马皇甫恂。有观点认为，新样锦的出现和当时玄宗试图抑制浮华奢侈的风气有关。陵阳公样通常团窠越织越大，越来越奢华，所以玄宗即位之初就推行《禁断锦绣珠玉制》和《焚珠玉锦绣敕》的政令，因而新样锦就转为尝试一些画面布局开放、循环更小的图案。

除此以外，新样锦上散点排列的花鸟图案，也与唐代花鸟绘画技术的日渐成熟有关，如新疆吐鲁番阿斯塔那 381 号墓出土的真红地花鸟纹斜纹纬锦，就是典型的新样锦作品，不失为一幅优秀的写生花鸟。

◀ ① 新疆吐鲁番阿斯塔那 381 号墓出土唐代宗大历十三年（778）真红地花鸟纹斜纹纬锦
② 美国大都会艺术博物馆藏唐代黄地宝花纹斜纹纬锦
③ 法国吉美博物馆藏 EO1398 花卉纹夹缬绢幡纹样复原图

二、从鲜卑帽、幞头到乌纱帽

人们在穿着圆领袍时，一般会搭配幞头。幞头是一种四角的头巾，起源可能是鲜卑族的圆顶风帽，在北齐、北周时期的人物图像中，已经可以看到将风帽后面的帽裙卷起固定在头顶的形象。

◀ 山西忻州九原岗北朝壁画墓中北齐时期有垂裙的鲜卑帽以及将垂裙卷起的人物形象

（一）幞头的出现

在唐朝人看来，幞头由北周武帝宇文邕创制，"盖取便于军容"。从目前掌握的出土实物和图像中可以见到，最早的幞头来自隋代，是比较低矮的款式，仅将一块四角巾的两角垂在脑后，另外两角在头顶额前系紧，包裹住头部。

▲ 陕西潼关税村隋代壁画墓人物所戴幞头

▲ 河南安阳隋麴庆墓出土男侍俑头戴低矮幞头

（二）唐代幞头的演进

隋炀帝大业十年（614），吏部尚书牛弘上疏建议"裹头者，内宜着巾子"，即幞头下加巾子，是取古人冠下加帻的含义。巾子是一种以桐木为底，内外髹以黑漆，用于固定幞头的头部饰品。新疆吐鲁番阿斯塔那唐墓中出土了不少巾子实物，其中比较完整的176号墓中的巾子，高11厘米，宽16厘米，是用丝麻等线编织后胶漆处理固定而成的。有了巾子，幞头就摆脱了"包头布"的雏形，形态开始多变，高度逐渐变高。下面对整个唐代不同时期流行的幞头风格加以介绍。

唐高祖武德和太宗贞观年间，巾子还相对比较低矮，称为"平头小样"；到了高宗时，巾子高度已逐渐增加；到武则天当政时，巾子的高低不同象征了身份有别，"贵臣内赐高头巾子，呼为武家诸王样"。

▲ 新疆维吾尔自治区博物馆藏阿斯塔那唐墓出土巾子

▲ 平头小样
① 陕西咸阳唐贞观五年（631）李寿墓壁画局部
② 唐阎立本《步辇图》局部

▶ 高头巾子
陕西咸阳唐高宗显庆二年（657）张士贵墓出土骑马俑局部
▶▶ 武家诸王样
陕西咸阳唐中宗神龙二年（706）懿德太子墓壁画局部，巾子高度明显提高，中间呈现凹势

此后的巾子，则从平直向上向前倾斜的方向发展。唐张鹭《朝野佥载》中说"魏王为巾子向前踣，天下欣欣慕之，名为'魏王踣'"，到唐中宗景龙四年（710）三月"赐宰臣已下内样巾子"，此种巾子即《新唐书·车服志》所载"至中宗，又赐百官英王踣样巾，其制高而踣，帝在藩时冠也"。

◀ 巾子呈前倾趋势的魏王踣、英王踣
① 陕西西安唐景龙二年（708）韦浩墓《男装侍女图》局部
② 陕西渭南唐景云元年（710）节愍太子墓《文吏图》局部

唐玄宗时期，这种前踣且圆的踣样巾仍然十分流行，且幞头顶部变得像两个圆球，巾角也逐渐变长，从初唐自然下垂于颈部的短脚，变为盛唐垂至肩背的长脚。在一些图像中，人们还将巾角在脑后别起，朝向同一方向，形成一种顺风样式。

▲ 唐玄宗时期，前踣且圆的巾子
① 陕西渭南唐玄宗开元十二年（724）惠庄太子墓壁画中的男侍
② 陕西西安唐玄宗天宝四载（745）苏思勖墓壁画局部，垂至肩背的巾（幞头）角
③ 陕西渭南唐玄宗天宝元年（742）惠陵壁画局部，顺风样式的巾角

自唐玄宗开元末期、天宝时期开始，颇为流行的前踣巾子开始"物极必反"，逐渐出现直且尖的样式，这种款式一直到中晚唐时期都在使用。唐封演《封氏闻见记》讲到，唐德宗年间（780—805）"御史陆长源性滑稽，在邠中忽裹蝉翼罗幞、尖巾子"，当时这种巾子虽然存在，但人们认为戴这种巾子是一种哗众取宠、博人眼球的做法，然而后来此类巾子却逐渐流行起来。

◀ 直且尖的巾子样式
① 新疆吐鲁番巴达木东墓群出土人俑，此墓群中有纪年的墓地处于唐玄宗天宝至唐代宗大历时期
② 甘肃酒泉榆林窟中唐第 25 窟北壁壁画局部

中晚唐时期，除巾子外，幞头的幞脚形态也发生了变化，逐渐从软变硬。宋赵彦卫《云麓漫钞》中记录，自唐中叶后"诸帝改制，其垂二脚"，幞脚内以丝弦、铁丝、铜丝为骨，大臣也多爱效仿，在考古资料中也发现了这种圆而阔的翘起的幞脚。

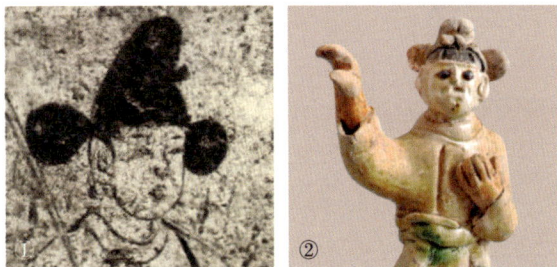

◀ 圆而阔的翘起的幞脚
① 陕西西安韩家湾 29 号墓壁画局部。此墓无具体纪年，但依据墓葬类型和出土器物综合判断当为唐代中期
② 河南郑州巩义东区三彩幼儿园 661 号唐墓出土人俑局部。考古报告推断此墓为 841—851 年之间

到了晚唐时期，幞头的佩戴方式发生了很大变化，从将幞巾直接裹在头部变成在下面衬以木山子，幞头不再贴合头部，而是向帽子的方向发展了。

最初出现这种转变可能是从使用幞头的便利性考虑的，《封氏闻见记》提到唐肃宗、代宗时期的剑南节度使严武（726—765）打理自己的幞巾一丝不苟，"先以幞头曳于盘水之上，然后裹之，名为水裹"。这样的裹法十分严整，甚至两侧布料形成的褶子都有安排，以致"流俗多效焉"，可见其受欢迎程度。但是这样就完全失去了幞头用于军旅的便捷性。到了唐僖宗乾符年间（874—879），因为战乱频仍、对镜系裹属实不够方便，时人就开始"用木围头，以纸绢为衬，用铜铁为骨，就其上制成而戴之"。

不过从图像资料来看，可能幞头不再贴合头部的情况出现得比文字记录更早一些，陕西华阴唐懿宗咸通五年（864）杨玄略墓中的《执笏男吏图》中，幞头的额头部分就已经由本来的圆形轮廓变为方形，当是内有木衬或其他硬质材料的缘故。这种围头的木衬宋人称之为木山子，这一时期的幞头也有军容头、特进头的称呼。

▲ 额头处由圆变方的幞头陕西华阴唐懿宗咸通五年（864）杨玄略墓壁画《执笏男吏图》局部

（三）硬裹幞头

至五代，因为硬裹木山子使得幞头摆脱了"巾"这种柔软布料需要贴合头部的限制，对幞头的创新也愈发多样。《云麓漫钞》记载五代十国的君主们"各创新样，或翘上而反折于下，或如团扇、蕉叶之状，合抱于前。伪孟蜀始以采漆纱为之。湖南马希范二角，左右长尺余，谓之龙角，人或误触之，则终日头痛。至刘汉高祖，始仕晋为并州衙校，裹幞头左右长尺余，横直之，不复上翘，迄今不改"。下图这些五代十国君主们的画像，虽为宋代和明代人所绘，但大体还能看出此时花样百出的幞脚。

◀ 花样百出的幞脚
① 后唐庄宗李存勖像
② 吴越太祖钱镠像
③ 吴越世宗钱元瓘像

这种花样百出的幞脚后来逐渐收敛为柳叶形的平直长脚的样子，方向不定，在甘肃敦煌莫高窟这一时期的画像上可以很清晰地看出这一点。河北保定五代王处直墓壁画中有一处桌案陈设，绘制了放置于帽架之上的幞头，可见当时的幞头已经是一种帽子，并且已经和宋代幞头的样子相同了。《宋史·舆服志》讲宋代的幞头"君臣通服平脚，乘舆或服上曲焉"，又讲"其初以藤织草巾子为里，纱为表，而涂以漆。后唯以漆为坚，去其藤里"，这之后便逐渐发展成明代乌纱帽的样子了。

◀◀ 甘肃敦煌莫高窟五代第108窟中，幞头侧面出现工整的褶皱，是向硬裹幞头过渡的形式
◀ 河北保定五代后梁龙德三年（923）王处直墓壁画中所绘如帽子般的幞头

▲ 上曲或平直、下垂的巾脚
甘肃敦煌莫高窟五代第61窟壁画局部

▲ ①②上曲的巾脚
甘肃敦煌莫高窟五代第61窟壁画局部

（四）抹额与透额罗

再来看幞头的两种特殊情况。其一，和汉代的颜题、赤帻一样，唐朝人也会使用红布裹头，在唐代称为抹额。因为很多时候头缠抹额是为了下一步穿戴甲胄作战，所以抹额也成为一种表示勇武的象征，如《新唐书·娄师德传》中，唐高宗时期的娄师德就在"募猛士讨吐蕃"时"自奋，戴红抹额来应诏"。这种抹额在整个唐代都可以见到，宋代也有所沿用。

▲ 红抹额
① 陕西咸阳唐章怀太子墓壁画局部
② 唐僖宗靖陵壁画局部
③ 法国国家图书馆藏敦煌文书《佛说阎罗王授记四众预修生七往生净土经》插图局部

其二是透额罗幞头，这个名字的来源是沈从文先生摘录自唐元稹的《赠刘采春》诗"新妆巧样画双蛾，谩裹常州透额罗"，并认为它是从女性所戴的幂篱、帷帽发展而来的。在唐张萱《虢国夫人游春图》上，就可以看到这种露出额头、能看到发际线的幞头。但实际上，这种透额罗并非女性专属，也能看到很多男性使用的情况。

▲ 透额罗幞头（一）
唐张萱《虢国夫人游春图》局部

▲ 透额罗幞头（二）
① 陕西西安金乡县主墓出土人俑
② 甘肃酒泉榆林窟第 25 窟壁画局部

三、天宝时世：服妖的讨论

　　在本节讨论的隋唐文物中，还可以看到唐代女性身着男装的情景，文中在分期断代时，也经常以安史之乱作为一个分期的节点。的确如此，《旧唐书·舆服志》中讨论过这样一个问题："开元初……或有着丈夫衣服靴衫""太常乐尚胡曲，贵人御馔，尽供胡食，士女皆竞衣胡服，故有范阳羯胡之乱，兆于好尚远矣"，以及《新唐书·五行志》也说："天宝初，贵族及士民好为胡服胡帽"。

　　女着男装以及男女共喜好紧窄的胡服，在唐玄宗开元天宝年间形成一种愈演愈烈的风气，以至于安史之乱后，人们反思时把这视为一种"服妖"的灾异现象，此后男女衣着走向了其反面——开始变得宽博起来。

　　这里还存在一个问题。虽然在这一章中，我们能看到在北朝时期演进自胡服的唐人圆领袍，这也是宋朝对唐朝服饰的看法，如宋沈括在《梦溪笔谈》中就说"中国衣冠，自北齐以来，乃全用胡服。窄袖、绯绿短衣、长靿靴、有蹀躞带，皆胡服也"，但是在唐朝人自己的语境中，胡服与胡化风气似乎仅局限于在开元、天宝年间的流行，平日穿的袍与"胡服"是毫无关系的。观察唐墓中的胡人俑可知，唐朝人心目中的胡服一般有异色镶嵌衣缘，更多为对襟并且可以将领口翻开作翻领。这样的衣服在安史之乱后已经看不到了。

▲ 胡人俑典型的服饰特征：胡帽、对襟和镶拼
① 陕西华阴宋素墓出土人俑
② 甘肃庆阳穆泰墓出土人俑

▲ 陕西西安北周安伽墓（图①）、塔吉克斯坦共和国片治肯特遗址壁画中（图②）粟特人对襟翻领的袍服

▲ 新疆克孜尔石窟第 8 窟右甬道外侧壁（图①）、第 189 窟主室前壁（图②）的龟兹供养人形象，着对襟翻领的袍服

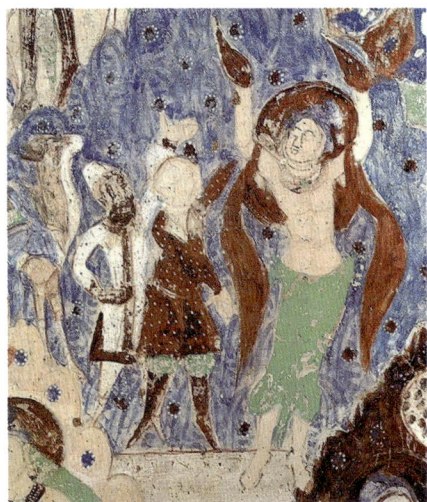

◀ 新疆克孜尔石窟第 17 窟主室券顶的《萨薄燃臂引路图》中，着对襟翻领的袍服的胡商形象

第三章 延续与创新：花样百出的辽宋金元清

本章导读

　　本章可能是全书最迥异于时间逻辑的一章。受制于文字记载或考古资料的稀缺，如何理解中国历史的各类服饰，这是北宋、辽、金、元以及清初服饰研究面临的共同问题。这就更加需要在服饰演进的断裂与交流联系的断裂之间找到逻辑关联，从实际需求出发，再结合审美的交流进行讨论。看似孤立而自成体系的服装之中既存在模仿借鉴，又存在趋同演化，在继承与创新中不断发展，最终形成了一种独具特色的呈现结果。这些服饰不仅反映了各民族之间的互动，还展示了历史上中国服饰的多样性与复杂性。

宋代的服饰及其穿搭层次、时代演进

在第一章关于冕服和其他帝王服饰的介绍中，我们讨论了皇帝在正式且隆重的礼仪场合所穿的服装，既包括冕服体系，也包括稍次一等的通天冠服体系。在中国古代，作为礼仪性质的着装，穿着时非常重要的一个原则便是"对等"，在同样的场合，无论君臣，还是夫妻，往往需要穿着同一性质、同一级别的服饰。

这种情况在第二章介绍的魏晋隋唐的服饰出现二轨制后更加明显。在隋唐，不论君臣，人们日常都习惯于穿着圆领袍等常服，只有在祭祀天地、大朝会等非常正式的场合才会着上衣下裳的朝服。在这一时期，如果只是办公而不从事礼仪活动，就在繁复的朝服基础上免去一些饰物，"从省服之"，形成了具服与从省服的区别，而这种从省服，因为是公事之服，所以也被称为公服。无论是具服还是从省服，也就是说，无论是朝服还是公服，都是显著区别于上下通裁的圆领袍的上衣下裳的组合。

◀ 北京故宫博物院藏宋佚名《女孝经图》局部，可以看到身着朝服的帝后以及身边着圆领袍服、头戴幞头的侍从形象

到了唐末五代，同上一章提及的幞头下衬木山子、逐渐由软及硬的"半自动化"的趋势一样，人们的着装也出现了便捷化的"懒人版本"的趋势，常以常服代朝服。如北宋王溥《五代会要》记录后晋天福五年（940）正旦的朝会，就是因为"京邑新造，殿庭隘狭"，后晋高祖石敬瑭听从建议只"冠乌纱巾，服赭黄袍"，而不穿朝服。

到了宋代，延续五代风气，公服和朝服出现了性质上的"分道扬镳"：公服的属性不再是简便的朝服，而变成正式的常服——头戴幞头，外着圆领袍，足蹬乌靴，这就是我们熟知的宋代皇帝、官员的形象了。这一章对宋代服饰的介绍，就从具有宋代特色的公服（官员公服所对应的是皇帝常服，在此我们合并介绍）开始。

人物头戴展脚幞头，此时的展脚幞头已经发展成帽子的款式，但还不像南宋的幞头会露出额头；身着紫色大袖圆领襕袍，内搭红色裙子，系双带扣单铊尾革带；脚穿北宋中期开始出现的白底靴；手持笏板。

▶ 北宋中期官员形象
参考台北"故宫博物院"藏宋代皇帝画像及宋代墓葬出土实物综合绘制

一、宋代公服的基本构成

（一）公事之服：大袖圆领襕袍

◀ 台北"故宫博物院"藏《宋太宗立像》《宋钦宗坐像》，均着大袖圆领襕袍

正如上图《宋太宗立像》所见，宋代公服延续了唐代常服的圆领襕袍形制，只是接襕的高度变高，并将窄袖改为袖阔三尺的大袖，这种做法同样是时人模仿其心目中古人穿着的方式，但提高了正式性，史料中常称为"大袖宽衫"。

宋代墓葬出土资料不如唐代和明代那样丰富，目前北宋的男性服饰实物可能仅有北宋晚期湖南衡阳何家皂墓一处可见，南宋则相对丰富一些，在江苏镇江金坛周瑀墓、江苏常州武进村墓群、江苏常州周塘桥墓、浙江余姚史嵩之墓、浙江台州赵伯澐墓均能见到。这些墓葬不仅分布时间、空间不均，其中的公服更是少之又少。台北"故宫博物院"藏的这套有序而详细的宋代帝王画像，对于理解宋代男性服饰本身形制及其演进具有极大的帮助，下文中宋代皇帝们的画像将会经常出现。

1. 公服的色彩

在唐代皇帝的画像中，所穿公服既有淡黄色，亦有红色。正如上一章提及，黄色从唐开始才逐渐演变成皇帝专用颜色，隋代"百官常服，同于匹庶，皆着黄袍"，即无论皇帝、官员还是平民皆可穿着黄色。然而在隋唐时期，受到隋文帝喜服柘黄文绫袍的影响，皇帝们日常习惯于穿着柘黄（亦作赭黄、赤黄）色的常服，这是一种黄中带赤的颜色，于是"至今遂以为常"，柘黄色才逐渐成为皇帝专用的颜色而禁止士庶使用。唐王建《杂曲歌辞·宫中三台》写"日色柘袍相似，不著红鸾扇遮"，就是用柘袍、红鸾扇代指皇帝，体现出这一颜色为皇帝专用的性质。

到了五代宋初，柘黄依然作为皇帝的专用色。前文提及的后晋高祖石敬瑭"冠乌纱巾，服赭黄袍"参加大朝会就是一例。在北宋欧阳修编撰的《新五代史》中，柘黄与皇位、皇权相关的例子比比皆是，如《李守贞传》里五代时期后汉大臣赵思绾造反后"遣人以赭黄衣遗守贞"，李守贞就认为这是天人皆应的暗示，十分高兴，于是立刻发兵占据潼关；《杂传第二十七》中，五代时期燕王刘仁恭次子刘守光"身衣赭黄"，问手下自己是否可以做全天下的皇帝；《四夷附录》中可以看

▲ 唐阎立本《步辇图》中着柘黄色圆领袍的唐太宗

到同时期的辽代也接受了这种观念，辽帝耶律德光先后赐给投奔辽的赵延寿、杜重威赭袍，让他们做傀儡政权的皇帝。

在这些案例中，最著名的莫过于陈桥兵变中被黄袍加身的宋太祖赵匡胤。《宋史·太祖本纪》中记录，在陈桥驿时"有以黄衣加太祖身，众皆罗拜，呼万岁"，这一黄袍，按照当时的习惯应该就是柘黄色的。元代学者欧阳玄也是这样理解的，在《陈抟睡图》一诗中，他写"陈桥一夜柘袍黄，天下都无鼾睡床"。

这种着柘黄袍作为皇帝身份象征、以黄色为尊的传统延续到了宋代，除此之外，宋代亦因为遵奉火德而把红色作为皇帝常服颜色之一。《宋史·舆服志》载，柘黄、淡黄袍衫为天子"大宴则服之"，用于最正式的场合，而日常则穿包括柘黄、淡黄袯袍以及红衫袍。袯袍指的是开衩的袍子，在下一节中将进行具体介绍，它相较于襕袍正式性稍低，由此也可看出红色与黄色之间的等级关系。

宋代官员所穿的大袖公服则延续了唐代以服色区别官品尊卑等级的习惯，仍以紫色为尊，其下为红色、绿色，个别时期八品和九品官员还额外使用青色。这在当时的《大驾卤簿图》《中兴瑞应图》中均可见到，特别是在《中兴瑞应图》中，画面中央穿紫袍的是当时还是端王的宋高宗赵构。

▲ 宋代公服的色彩

① 中国国家博物馆藏宋佚名《大驾卤簿图》局部

② 天津博物馆藏宋萧照《中兴瑞应图》局部

2.公服的时代演进

近年有作为宋代公服的大袖圆领襕袍实物出土，如2016年，浙江台州赵伯澐墓中出土了南宋宁宗嘉定九年（1216）的衣物实物；2024年，常州博物馆亦新披露了常州市天宁区周塘桥南宋墓出土的大袖圆领襕袍，这座墓葬时间为南宋理宗景定五年（1264）。明徐溥、刘健等纂修的《大明会典》中记录了明代延续自宋代的公服要求是袖长回肘（即袖长在超过指尖之后，还富余出一段能从指尖折回到肘部的长度）、袖宽三尺，而赵伯澐所穿的这件素罗大袖圆领襕袍通袖长230厘米、衣长140厘米、袖阔95厘米，可见宋代公服的放量之大。对比赵伯澐墓与周塘桥南宋墓的服饰数据、结合台北"故宫博物院"的宋代帝王画像，可以看出有宋一代的大袖圆领襕袍，虽不如隋唐时期圆领袍以及明代常服圆领袍那样阶段性变化明显，却有着领口越开越大的变化趋势。

▲▶ 大袖圆领襕袍

① 浙江台州赵伯澐墓出土

② 常州天宁区周塘桥南宋墓出土

▲ 台北"故宫博物院"藏宋代帝王画像，可见领口越开越大的圆领袍

① ② 北宋时期的真宗（此图片为方便比较进行了镜像处理）、仁宗

③ ④ 两宋之际的钦宗、高宗

⑤ ⑥ 南宋时期的理宗、度宗

（二）展脚幞头：真的是为了保持社交距离吗？

说完作为公服主体的大袖圆领襕袍，再来看与其搭配的极具宋代特色的展脚幞头。在上一章中介绍了隋唐时期幞头的出现及演进情况，到了宋代，与公服配套穿着的幞头则长期保持着搭配状若直尺的伸展的翅角的样子，称之为展脚幞头。如江苏泰州宋徽宗宣和五年（1123）蒋师益墓出土的展脚幞头，翅角用粗铜丝制作骨架，单翅长达 53.5 厘米，再加上帽身，宽度则达到了 120 厘米。这对长长的翅角并不像唐代幞头的幞巾角那样是一体的，而是可以拆卸的，并不固定在幞头上，明施耐庵《水浒传》第七十四回中就写"李逵扭开锁，取出幞头，插上展角，将来戴了，把绿袍公服穿上"。另外值得注意的是，和明代帽翅是直接插在乌纱帽后面的专门位置不同，从许多雕塑和画像细节来看，宋代帽翅更多是使用绳子捆绑固定的。

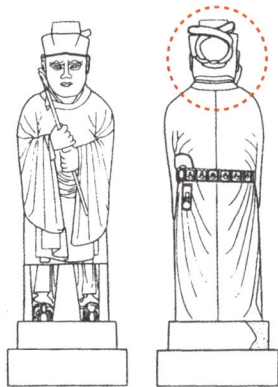

▲ 河南郑州宋太宗永熙陵出土控马官石像线图，可以看到缠绕交脚幞头帽翅的绳子

▲ 戴交脚幞头的宋人画像，可以看到一侧帽翅下露出的用于缠绕帽翅的绳子

① 美国史密森学会藏宋包文正公小像局部

注：虽然包拯为北宋仁宗时期人物，但本幅画像当画于南宋至元代时期，较多反映了南宋服饰的特点

② 台北"故宫博物院"藏南宋孝宗半身像局部

◀ 山东博物馆藏明代晚期乌纱帽，作为对比可见，明代的帽翅是使用可插拔的翅管与帽体连接的

　　翅角可以拆卸，从侧面说明了如此长的翅角其实使用和收纳起来并不方便，甚至《宋史·舆服志》也记录无论是宋代皇帝还是官员，"乘舆或服上曲焉"，坐车时也要改换弯曲交脚的款式以便出行。于是此处就需要回应一个有关"不方便"的问题——对于展脚幞头的出现，常有民间说法认为是宋代皇帝为避免官员交头接耳而设计的，然而实际并非如此。

　　避免官员交头接耳而设计的说法，最早出现在元代人宋俞琬的笔记《席上腐谈》中，称"宋又横两角，以铁线张之，庶免朝见之时偶语"，但这种说法从未见宋代人自己提过。如果从幞头演进的角度来看，五代时期幞头逐渐发展成以柳叶形的平直长脚为主的款式，甚至以长脚为贵。宋赵彦卫在《云麓漫钞》中就记录，五代南楚第三位国君马希范所戴幞头，"二角左右长尺余"，号称龙角；南汉高祖刘龑的幞头也是"左右长尺余，横直之，不复上翘"，这已经同北宋时的款式十分接近了。

　　除展脚外，幞头在唐末五代到宋代的另一变化在于固定方式。唐朝人在软的幞巾下衬以巾子塑形，称为软裹，其后又逐渐出现以木山子硬裹的方式。宋初时的幞头还有五代硬裹的遗存，即在黑纱之下用藤织草巾子为里，这种结构在宋黎靖德编《朱子语类》、王得臣撰《麈史》中都有记录。到了大约宋仁宗时期，随着幞头巾的面料逐渐改用黑色漆纱，因其足够坚挺可以定形，故下面衬托的巾子或木山子也就逐渐被舍弃了，幞头也随之成了一顶随时可以脱戴而无须"逐日就头裹之"每天整理的帽子。如宋代《道山清话》中就记录过宋哲宗年幼，太皇太后高氏摄政时，有一次宫内太监上前传递文书时不小心将哲宗头戴的幞头碰掉，"时上未着巾也，但见新剃头，撮数小角儿"，露出哲宗还是小孩子的没有蓄发的发型来。幞头可以轻易被碰掉露出全部发型，可见这时实际已经是穿脱方便的帽子性质了。

▲ 台北"故宫博物院"藏宋苏汉臣《冬日婴戏图》局部，宋哲宗的发型大致如此

这种情况通过对比下图不同时期的幞头还可以看出：甘肃敦煌出土的晚唐五代供养人画像与台北"故宫博物院"藏宋太祖画像，还保留着相似的布料受重力堆积的样子，同宋真宗画像与江苏泰州宋蒋师益墓出土展脚幞头实物的完全硬化的线条走向有着明显差异，后者棱角更为分明，两幞脚在前屋后山之间的系结也已经消失。

▲ 幞头的"帽化"演进过程
① 敦煌莫高窟 144 窟（晚唐）供养人画像线图（本图片为方便比较进行了镜像处理）
②③ 法国巴黎吉美国立亚洲艺术博物馆藏敦煌 MG.17695、MG.17659 画卷上的男性供养人像
④⑤ 台北"故宫博物院"藏《宋太祖半身像》《宋真宗坐像》局部
⑥ 江苏泰州宋蒋师益墓出土展脚幞头

终宋一朝，仔细对比宋代帝王的画像，再结合相关文字记录，还是可以看出展脚幞头的变化的。变化有两个方面：一是展脚的长度与宽度；二是幞头下沿露出额头的多少以及随之产生的前屋与后山之间角度的变化比例。

先看第一点展脚的变化，宋赵彦卫在《云麓漫钞》中记录宋初期展脚并不是十分长，这在宋太祖到宋哲宗的画像上可以看出（图①~⑥）。真宗及以前的时期（图①~③）展脚还比较细，随后开始变宽。而徽宗以来，延续至南宋，两脚伸展度加长，甚至发展成一种极为夸张的风格，从蒋师益墓出土的那长达一米的帽翅就可以直观感受到。就连朱熹也要吐槽宋代的帽翅"后来遂横两脚……但不知几时展得如此长？"

再看第二点，第二点中的种种变化本质是因佩戴方式变化而产生的基于平衡和美观的需求。如前所述，宋代的幞头到仁宗时期（图④）及以后已经完全变成了帽子的性质，因此也就彻底摆脱了幞头巾绑戴时需要勒紧眉上的操作，颜题的位置略有提高（图⑥~⑧）。到了南宋，大概是由于从东京（今开封）南渡到临安（今杭州）后整体气温有所升高，整个南宋服饰的散热需求都高于北宋，这从上文谈及公服圆领袍开领的大小变化就能看出。幞头也同样有类似的变化，比起北宋，南宋的展脚幞头下沿的佩戴位置几乎与发际线持平，露出整个额头来（图⑨~⑭）。《云麓漫钞》就说北宋初"巾子势颇向前"，而到南宋"巾势反仰向后"。于是幞头前屋前倾且加高，后山亦配套加高的前屋而变得更加高耸。

▲ 台北"故宫博物院"藏宋代皇帝画像局部

① 宋太祖画像 ② 宋太宗画像 ③ 宋真宗画像 ④ 宋仁宗画像 ⑤ 宋神宗画像 ⑥ 宋哲宗画像 ⑦ 宋徽宗画像 ⑧ 宋钦宗画像 ⑨ 宋高宗画像 ⑩ 宋孝宗画像 ⑪ 宋光宗画像 ⑫ 宋宁宗画像 ⑬ 宋理宗画像 ⑭ 宋度宗画像

注：本组图片为方便比较，将图①～③进行了镜像处理

（三）革带与鞋靴：细节里的观念

如果单纯通过画像来分析，那么在这套宋代公服上，我们关注的搭配还有革带和鞋靴。

1. 革带

革带由革鞓、銙、铊尾和带扣四部分组成，铊尾是装在革带末端的护鞘，也称作獭尾、挞尾或鱼尾；带扣是装有活动扣舌、起连接作用的带具，多用金属材质制作。在宋代，主流革带仍然延续唐代的单铊尾样式，又分为单带扣和双带扣两种。

首先看单带扣单铊尾革带。从晚唐五代至宋代，铊尾下垂的位置逐渐从腰后中部移至左腰侧，在宋赵佶《听琴图》中就可以看到蔡京的铊尾从左身侧下垂，具有此类特点。此外，铊尾下垂越来越长，按照宋王得臣《麈史》的说法甚至有长至膝盖位置的情况。由于这两点变化，围绕着腰围一圈后，多余的革带带鞓部分就会在小腹位置形成额外的半圈，并且受到铊尾重量影响而上翘，从正面产生两条革带的视觉效果。过去的研究中一度认为这是在腰间围了两条革带，上面那条是义带或者看带，但实际上只是带鞓的后部。这种革带的围绕方式在四川成都东郊北宋张确夫妇墓出土的陶俑以及同期众多画像和人俑之中均可以见到。

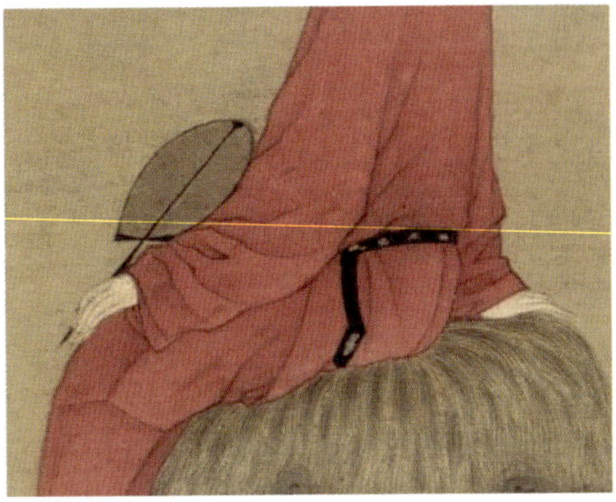

▲ 北京故宫博物院藏宋赵佶《听琴图》局部，可以看到着红衣的蔡京腰间的鉈尾加长并插于左身侧下垂

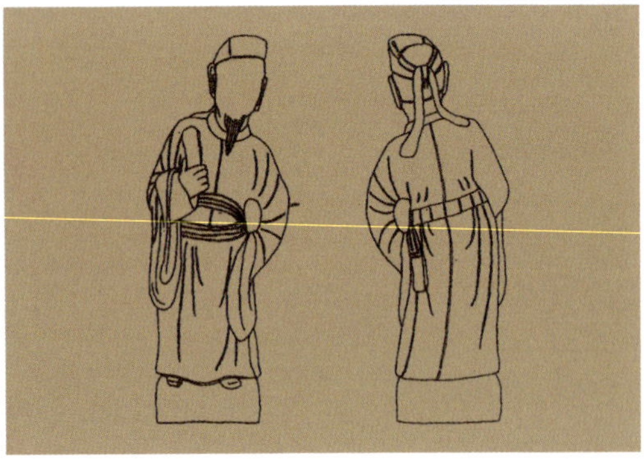

▲ 四川成都东郊北宋张确夫妇墓出土人俑线图，可以看到“额外半圈”上翘的带鞓后部以及在左身侧下垂的鉈尾

◀ 台北“故宫博物院”藏（传）宋赵佶《十八学士图》局部，图①可以看到正在将单鉈尾革带穿过带扣的情形；图②可以看到加长的鉈尾插于左身侧下垂的情形

不过宋代的确存在将两条革带同时系在身上的情况，这种革带结构更为复杂，因为具有两个带头和一个带尾，所以称为双带扣单鉈尾革带。

这种革带见于台北“故宫博物院”藏《宋仁宗坐像》、美国纳尔逊-阿特金斯艺术博物馆藏唐陈闳《八公图》中的隋高颎像、美国华盛顿弗利尔美术馆藏宋佚名《睢阳五老图》中的王涣像上，可以看到他们腰间有两条腰带衔接的情况：其中一条为短带，两端一侧为带扣，另一侧无鉈尾，带鞓上开有扣眼可以调节腰围；另一条长带则与单带扣单鉈尾革带相同，两端一侧为带扣，另一侧有鉈尾。这种双带扣单鉈尾革带目前并没有完整实物出土，近年学者陈诗宇对其使用方式进行了复原，使用时将短带接于长带带扣，鉈尾则穿过短带带扣绕过腹前插于左身后。

▲ 革带的使用方式
① ②《宋仁宗坐像》局部、《八公图》高颖像局部
③《睢阳五老图之王涣像》的双带扣单铊尾革带

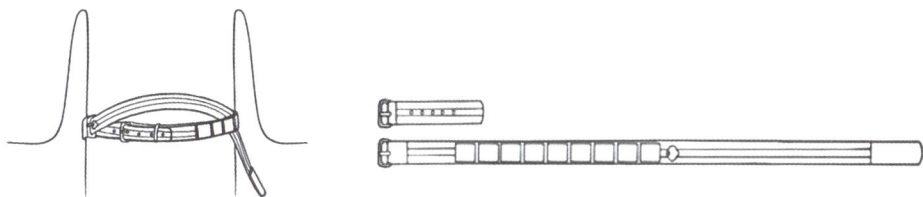

▲ 双带扣单铊尾革带结构图和系法示意
注：图片出自陈诗宇（扬眉剑舞）:《唐宋前后几种革带的形制复原及称谓研究》

　　另外，宋代还存在一种（双带扣）双铊尾革带，常见于武人形象中。这种革带两端均有带扣固定，最早可能和穿着甲胄有关，到宋代以后逐渐成为革带的主流形式。

▲ 中国国家博物馆藏南宋刘松年《中兴四将图》局部，可见刘世光及其侍从的双铊尾革带。这类革带因为不需要将大部分带鞓穿过带扣就可以在前侧装饰带銙，这是在图像上识别其与单铊尾革带的最显著差异

▲ 河南登封嵩山中岳庙宋代镇库铁人造像，可以看到背后的双铊尾

　　不同于唐代腰带以銙数和材质区分等级、以玉为尊的特点，宋代的腰带格外推崇金带，主要是以金的纹饰图案和重量来进行身份区分。

　　太平兴国三年（978），宋太宗设文思院专门制造内用及赏赐用的服带，后又制定了銙带等级制度，把金带定为最高等级。按宋欧阳修《归田录》以及王现《甲申杂记》的记录，因为宋太宗同群臣表示"玉不离石，犀不离角"，过去认为贵重的玉带和犀带在他看来并不如百炼不变的金子宝贵，所以才创立金銙之制。

金带只是群臣的最高标准，玉带依然沿用，且等级依然很高，如专供皇帝使用的排方玉带。宋神宗时，亲王也开始使用玉带，这最早是皇帝对岐王赵颢、嘉王赵頵的特赐，但二王不敢僭越，于是把皇帝的排方玉带改琢为方、团两种带銙以示等级差异，此后亲王也有了佩戴玉带的现象。另外皇帝也会把玉带赐给臣子以示亲近和恩宠。如熙河开边（即北宋神宗熙宁年间收复宕、叠、洮、岷、河、临六州）后，时任宰相的王安石就得到"神宗特解所系带""且使服以入贺"的恩赐。这种情景在徽宗、钦宗时期也多有发生，蔡京、何执中、郑居中、王黼、蔡攸、童贯等人都获得过赏赐的玉带。

既然群臣也可以使用金带，那么就要在纹饰、重量和搭配鱼袋的材质上，对身份进行区分。鱼袋在宋代已经失去了唐代作为身份证明的性质，纯粹变为一种拱形配饰，以能否佩戴，以及佩戴玉、金、银三种材质进行等级区分。

▶ 江苏常州博物馆藏常州武进南宋墓出土银鎏金腰带扣、鱼纹带銙及拱形鱼袋

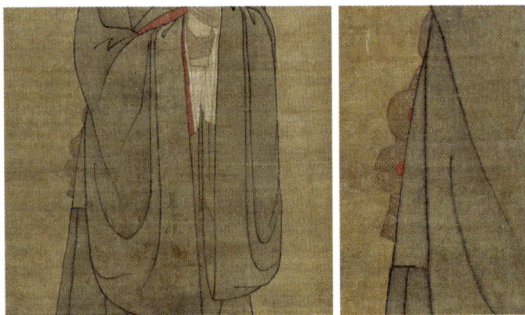

▲ 福建福州茶园山南宋夫妻合葬墓出土带扣和拱形鱼袋

◀ 美国史密森学会藏宋包文正公小像局部，可以看到右侧身后露出的拱形鱼袋

金带銙的纹饰在《宋史·舆服志》记录中有球路、御仙花、荔枝、狮蛮、海捷、宝藏、天王、八仙、犀牛等，重量从七两到三十两不等（宋代一两约合 40 克，也就是说最重的全套腰带銙已经超过了一千克）。

等级最高的是球路纹饰的腰带，球路纹也叫铜钱纹，是一种圆圈相交叠的纹样。不同于其他纹样的金革带是排方銙，球路纹金革带是方团銙。欧阳修《归田录》中记录太宗时专门把方团球路纹金革带赐给中书省和枢密院两府，可见这是高品级官员的专属。

过去，因为球路纹金革带一直没有实物出土，所以常使用陕西宝鸡唐代法门寺地宫出土的鎏金飞鸿球路纹银笼子或是宋李诫《营造法式》中记录的"挑白球文格眼"等纹样介绍。不过2022年，浙江台州临海延恩寺宋墓出土了球路纹金革带实物，墓主为南宋理宗时期参知政事杨栋。截止到本书写作时，这副球路纹金革带只有现场照片而无高清文物照片或者线图发布，读者可以静待后续成果公布。

▲ 陕西宝鸡唐代法门寺地宫出土鎏金飞鸿球路纹银笼子

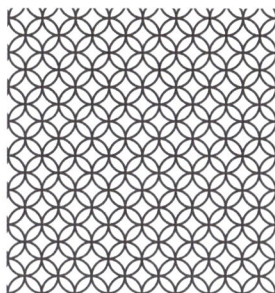
▲ 宋李诫《营造法式》中记录的挑白球文格眼纹样

▲ 浙江台州临海延恩寺宋墓出土球路纹金革带考古现场照片，暂无考古发掘简报

御仙花和荔枝纹亦是宋代非常贵重的革带纹样，两者有时被视为同种纹样，如《宋史·舆服志》就说"荔支或为御仙花"，但其实起初两者并不相同。御仙花是以虞美人花朵为原型的纹样设计，而荔枝纹则来自水果荔枝，两者在宋代文献中经常并列存在，可知其并非一物。宋吴曾《能改斋漫录》说"近年赐带者多，匠者务为新巧，遂以御仙花枝叶稍繁，改荔枝，而叶极省"，御仙花和荔枝纹才逐渐混为一谈。

▲ 江西遂川北宋郭知章墓出土金御仙花带板，革带出土时带鞓已不存。带銙共十三块，包括大带扣、小带扣、桃形、带尾各一块，排方九块

▲ 江苏苏州吕师孟墓出土金荔枝纹带板，墓主虽葬于元初，但其生活时间大部分属于南宋，此带板也具有鲜明的南宋风格

2. 靴履之争

在唐代常服中，人们无论身份贵贱高低，普遍搭配靴子穿着。那么在宋代，与公服搭配的鞋是什么样子的呢？宋初时，公服朝靴仍然延续使用唐代靴子的翘头风格，只是改为白底。到北宋徽宗重和元年（1118），出于夷夏之辨的讨论，君臣主张靴来自胡人，"不当用之中国"，于是把搭配公服的靴子改为履，履上绚、繶、纯、

綦四种装饰的颜色随公服颜色变化，有红、紫、绿色的差异，以示身份不同。到了南宋孝宗乾道七年（1171），履又改回靴子，不过此时的靴子"大抵参用履制，惟加靿焉"，成了一种增加靴筒的多层厚底且有镶边的履。

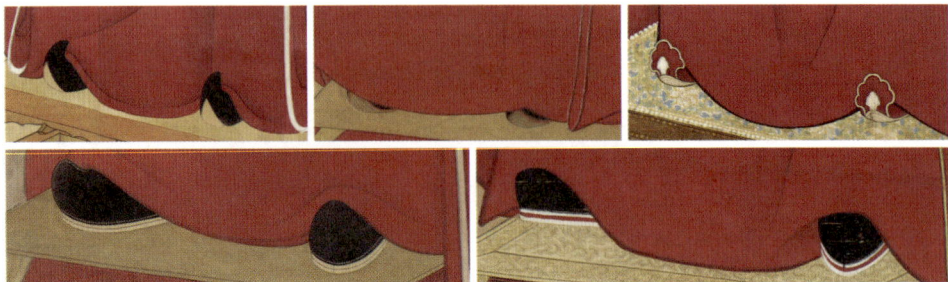

▲ 台北"故宫博物院"藏宋代皇帝画像局部
从上至下依次为北宋神宗、徽宗、钦宗、南宋高宗、度宗画像局部，可以看到靴与履的变化情况

二、宋代公服的内部穿搭层次

宋代公服十分宽大，同内部丰富的叠穿服饰有关。虽然从外罩宽大公服的宋代画像、出土人俑上难以看出其穿搭层次，但所幸宋代赐服的传统相当"体贴"，常是从内衣到外袍全部安排得明明白白。在宋代对别国使者的赏赐名录清单中，我们得以一窥宋代公服的内部穿搭层次，如清徐松在辑出的宋代官修原文而成的《宋会要辑稿》中就记录了赐给金国的"宽衣一对六件（即两个六件套）：紫罗夹公服一领、小绫宽汗衫一领、勒帛一条、熟白大绫袜头袴一腰、红罗软绣夹三襜一副、抱肚一条"。另外，浙江台州赵伯澐墓中出土的最外层为公服的衣物实物，也可以辅助我们对当时的着装进行了解。

从内到外，一套公服的最完整穿搭包括：贴身穿着的抹胸、裈，第二层次的衫、袴与裙，第三层次为可作为燕居单穿或袍服内搭（中单）的褙子，褙子之外可视气温或功能需求增加抱肚、三襜，最外层则罩公服，再穿靴或履、戴展脚幞头、系革带。其中不太常见的裙、褙子以及抱肚和三襜，将在本节中加以介绍。

（一）裙：男性也要穿吗？

在宋代，男性穿裙子并不是一件稀奇的事，这也并不是纯粹的士大夫们的个人情趣，如明施耐庵《水浒传》第九回之中，就有"洪教头先脱了衣裳，拽扎起裙子，掣条棒，使个旗鼓"的描述。宋代男性着裙习惯的出现，可能要追溯到唐代圆领袍下所穿交领长袖服饰的下襕。唐中后期开始，随着服饰的袖子加宽，半臂逐渐不再使用，加有下襕的长袖服饰则流行开来。随着唐后期圆领袍的开衩提高到腰际，交领长袖服饰下襕所起的遮挡作用也就变得更为重要，这在后来逐渐演变为宋朝人的衬裙。

宋代男性的裙子，从湖南衡阳何家皂北宋墓的残片以及浙江台州南宋赵伯澐墓、江苏常州南宋周塘桥墓、福建福州茶园山南宋夫妻合葬墓出土的实物来看，长度可长可短（如赵伯澐骨骸长度为 165 厘米、裙长 93.5 厘米，而茶园山墓男性墓主骨骸长度为 180 厘米、裙长却只有 86 厘米），样式与宋代女性所着裙也并无差异，都是裙身中间打褶、两端为光面的样子。今日汉服爱好者称其为百迭裙，不过宋人并无此称呼，称之为裙即可。

▲ 浙江台州南宋赵伯澐墓出土裙子，通长 93.5 厘米

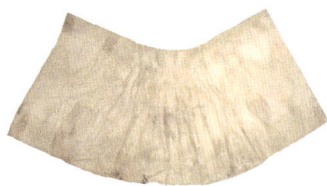

▲ 福建福州茶园山南宋夫妻合葬墓出土裙子，通长 86 厘米

▶ 江苏常州南宋周塘桥墓出土裙子，通长约 81 厘米
注：此文物暂无考古报告，数据为网络估算，仅供参考

随着复古风气在宋代的流行，士大夫们为下装着裤、裤外着裙的穿法赋予了古人"上衣下裳"服饰制度的内涵。在众多宋代画作中，均可看到男性裙子的出现，裙子系在交领上衣之外，外可搭褙子、氅衣。

◀◀ 台北"故宫博物院"藏宋刘松年《西园雅集图》局部，王钦臣观米芾题石，可以看到米芾在交领上衣之外着裙

◀ 北京故宫博物院藏宋赵佶《听琴图》中的宋徽宗，可以看到内着上衣下裙

（二）褙子：怎么穿才合乎礼仪？

褙子，也可写作背子，是一种直领对襟的长款服饰，宋程大昌《演繁露》中定义褙子"状如单襦夹袄，特其裾加长，直垂至足焉耳"，宋黎靖德所编《朱子语类》中也说"则今之背子，乃长衫也"，可见褙子需要有一定的长度。其特点是两侧开衩、缀有带子。

对于喜好复古的宋代人来说，褙子是一种同古代中单具有相同性质的衣服，穿在公服之下，颇有今日男性西装下的衬衫

▲ 美国纳尔逊－阿特金斯艺术博物馆藏《八公图》局部，可以看到两人圆领袍袖子和下摆处露出的褙子
注：《八公图》虽传为唐代画家陈闳绘制，但此画中大量细节展示出其实际为宋代作品

的意味，上面的《八公图》中，就可以看到两人挽起的袖子、提起的下摆里红色和绿色的褙子。《演繁露》中说"今人服公裳，必衷以背子"，目的是仿效"古之法服、朝服，其内必有中单"。因此，褙子两侧所缀的带子，目的也是"两腋各垂双带，以准禅（通'单'）之带"，不作束缚用，只是垂在两侧。虽然南宋陆游在《老学庵笔记》中说"背子背及腋下，皆垂带"，但是在北宋时期，褙子还需要使用勒帛系好，散腰敞怀穿着会被视为不敬。到了徽宗时期，这一条也不再遵守了。

▲ 江苏常州南宋周塘桥墓出土褙子，可以看到腋下垂带

▶ 美国耶鲁大学博物馆藏《睢阳五老图之朱贯像》，外着褙子

男性褙子既可通过对襟交穿的方式作内搭穿在外服之内，也可以作为日常休闲、会客时的居家便服穿在身外。《宋史·舆服志》说晚讲的时候，"皇帝服头巾，背子，讲官易便服"，从前文所述的服饰对等性原则来看，可知褙子的便服性质。《朱子语类》中也记录国初之时，皇帝在宫中"常只裹帽着背子"及"前辈子弟，平时家居，皆裹帽着背"。

但是在宋朝人看来，这样穿是不够正式的。《朱子语类》中记载，宋孝宗性情简朴，"平时着背"，但是常朝见大臣时也要换上衫子。此后就形成惯例，皇帝们"讲筵早朝是公服，晚朝亦是叙衫"，可见在宋人心目中，至少褙子的正式性低于小袖的圆领衫。朱熹门人程端蒙作《朱子论定程董学则》，也要求"朝揖、会讲以深衣或凉衫，余以道服、褙子"，对于读书人而言，褙子的正式性也低于深衣和凉衫，不能用在朝揖、会讲这类正式场合。元蒋正子在《山房随笔》中也讲到了一则南宋时期的故事：一个叫邓文龙的小孩子参与当时太守方岳主持的有诸多名士参与的筵席，"席上太守及诸公只服褙子，文龙以绿袍居座末"。在喝茶时，邓文龙故意把茶托掉在地上，诸公戏以失礼，邓文龙却说"先生衩衣，学生落托"。意思是说在宴席上邓文龙着绿色袍服，而其他人却穿褙子，邓文龙认为他们穿着褙子这类两侧开衩的衣服，是不够遵守礼仪的。

（三）三襜与抱肚：仍待进一步实物支持

迄今为止，还没有可以同三襜与抱肚相对应的宋代墓葬中的服饰出土，因而对此的介绍更多只能依靠文字与图像进行推测。

三襜，从字面意思来看，"衣蔽前谓之襜"，这应当是一种形似下裳的围绕在腰间的、共有三片长布组成的起遮挡作用的衣物。从赏赐清单的顺序来看，应当是穿在公服之内的。陆游在《老学庵续笔记》中提到一种与三襜相近的衣服，他说在当时金朝领地内"于公服下着二襜"，目的是便于骑马，并认为这与宋境内的三襜是有一定相似性的。二襜这种衣服，因为捆扎在腰间穿着，所以穿者被开玩笑说像是一个大粽子。

在黑龙江省哈尔滨市阿城金齐国王墓葬中，出土了两件应当可以被识别为二襜的衣物（考古报告《金代服饰——金齐国王墓出土服饰研究》中称为蔽膝，但从图像和出土实物来看，如第一章所述，蔽膝仅为单片，不应当为前后两片），明确了其穿着位置和使用方法。从位置来看，二襜位于外袍之下，衫、袍之外。在着装方式上，二襜共有前、后两宽片和一窄片，两大片之间开有和系带数量对应的孔。穿着时正面齐于胸前，由左腋下将窄片先绕于后背部，再将四条系带由右肋侧相应带孔分别穿出，然后将后片由右腋下绕于后身，其系带则由左腋下肋部绕至前胸，左右四带对系于前胸腹部。

三襜的形制与二襜应当相似，或许由三宽片组成。基于这一穿着方式，可以识别出不少人俑和图像中类似的衣物，如河南焦作元代靳德茂墓道出土陶俑，腰腹间红色衣片当为此类二襜或三襜服饰。

▲▶ 黑龙江阿城金齐国王墓出土二襠

▶ 河南焦作元代靳
德茂墓道出土陶俑

　　同三襠并列出现的，还常有"抱肚"这类衣物。抱肚不是内衣抱腹（或称陌腹），
而应当是穿在外面的服饰。《宋史·舆服志》中谈及应当获得锦袍赐服的人中，"丞
郎、给舍、大卿监以上不给锦袍者，加以黄绫绣抱肚"，可知抱肚是一种穿着位置
和袍接近的服饰，大概是经常套在甲胄或者袍服之外的腰衣的一种。

◀ 画中人物腰间的抱肚
① 山西朔州宝宁寺明代水陆画《往
古九流百家诸士艺术众》局部
② 五代胡瓌《卓歇图》局部

三、其他宋代男性服饰

（一）圆领类服饰

　　除了大袖的公服，其他类别的圆领袍类服装在宋代作为日常穿着也十分普遍。圆
领袍、衫的形制经由隋唐发展到宋代已较为固定，依然延续着下接横襕与开衩的两大
类型，但是出于便于行动的需求，即使是下接横襕的服饰，在宋代也发展出开衩的款式。

1. 襕衫：读书人的衣服

先看下接横襕的款式，除公服外，宋代另外发展出一种被称为襕衫的专门服饰。《宋史·舆服志》指出这类衣服"以白细布为之（实际上在画像中可看到亦有偏黄褐色系的布料），圆领大袖"，并且"腰间有辟积"（即打褶），这是进士及国子生、州县生等读书人的衣服。这样的衣服直到明代仍在使用，只不过细节有所改变，从白细布变为蓝色，并受到元代服饰不再使用横襕的影响，接襕变成两侧开衩。

◀◀ 美国波士顿艺术博物馆藏南宋周季常、林庭珪《五百罗汉图》之《应身观音》局部，可以看到襕衫接襕处的打褶

◀ ① ② 南京博物院藏清徐璋《松江邦彦画像册》中的明代襕衫，两者所戴巾帽有别，因为后者是进士身份

2. 袴袍：实用性便装

相比下接横襕的礼仪性质，当时人平常穿的圆领服以窄袖、开衩的款式为主。开衩款式在唐代就十分流行，称为缺胯袍（衫），而宋人多称为"袴袍（衫）"，其实是同一含义。所谓袴，正是"衣裾分也"。元王幼学《资治通鉴纲目集览》也指出"开胯者名缺胯衫，庶人服之，即今四袴衫"，可以看到其中关系。这类衣物相较于襕袍（衫）的正式性稍低，但是行动不受束缚，甚至可以随时将袍摆撩起，实用性很强，士庶通用。袴袍（衫）在宋代有侧开衩和后开衩两种，前者与晚唐五代的风格类似，在胯部以下开衩，后者在目前出土实物中表现出后身左右两片交叠的特点，在赵伯澐墓、周瑀墓等不少宋代墓葬中均有出土。同公服的演进趋势一样，不同时期的衣宽、袖宽以及圆领的大小依然有所不同，南宋后期倾向于宽大。

◀ 侧开衩的袴袍（衫）
① 美国大都会艺术博物馆藏明摹宋本《胡笳十八拍文姬归汉图》局部
② 上海博物馆藏南宋佚名《歌乐图》局部
注：《歌乐图》由于流转不够有序，亦有观点认为其为金代作品，但总体而言，服饰还是能够反映出这一时期汉人服饰的特点。对宋代的讨论综述请见殷勤《〈歌乐图〉鉴定研究》一文

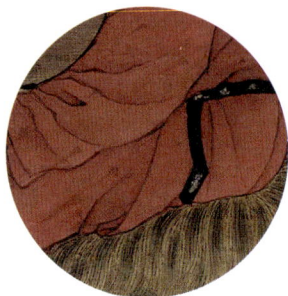

▲ 后开衩的襕袍（衫）

① 江苏常州南宋周塘桥墓出土襕袍（衫），通过透光可以看到后身腰带以下位置的布料重叠

② 北京故宫博物院藏宋赵佶《听琴图》局部，可以看到蔡京所穿接襕便袍也有交叠开衩的结构。关于这类交叠接襕，一些观点认为可以称作"旋襕"，在宋代出于使襕袍有足够活动余量的考虑，处理方式可以如上文中襕衫那样打褶，也可以开衩

3. 着装颜色

在宋代，官员的服饰颜色有明确的区分，以标示身份和使用场合的不同。日常服装的颜色以黑色、浅淡的黄白色以及其他杂色为主，这与正式的公服颜色有显著区别。宋初时，官服延续晚唐五代那种崇尚黑色的风气，没有官职的人则穿白袍。宋太宗太平兴国七年（982）的制度中则说："旧制，庶人服白，今请流外官及贡举人、庶人通许服皂。"黑白二色都成为庶人可用颜色。

到了南宋，由于疆域处在炎热地区，白色成为主流服色，甚至高宗绍兴年末，"朝廷之上、郡县之间，悉改服凉衫纯白之衣"。宋孝宗乾道年间（1165—1173），礼部侍郎王曮指出"窃见近日士大夫皆服凉衫"，觉得士大夫穿的白色衣服"纯素可憎，有似凶服"，因此宋代一度有过禁止白衫的规定。

紫色尊贵，也受到士庶追捧，朝廷屡禁不止。宋太宗太平兴国年间（976—984），李昉上奏"近年品官绿袍及举子白襕下皆服紫色，亦请禁之"， 宋太宗端拱二年（989），又"诏县镇场务诸色公人并庶人……不得服紫"，但并没有起到作用。宋太宗至道元年（995），"复许庶人服紫"。仁宗时期，南方染工献上一种黑紫色颜料为皇室所用，于是民间亦开始流行这种近于黑色的墨紫，不过很快又再一次被禁。

▲ 皂（黑色）衫，是居家生活中穿着更多的男装
① 河南登封唐庄宋代壁画墓 2 号墓室东北壁壁画局部
② 美国弗利尔美术馆藏《睢阳五老图之王涣像》

▲ 不同于素色的公服，其他服饰上可以有花纹进行装饰
① 河南登封唐庄宋代壁画墓 2 号墓室西北壁壁画局部
② 中国国家博物馆藏北宋佚名《大驾卤簿图书》局部

（二）交领类服饰

1. 直裰：在野之服

宋代的退休闲散官僚、士大夫们也喜欢穿一种大襟交领的长衣，叫作直裰。宋郭若虚的《图画见闻志》中介绍了这类服饰的来源："晋处士冯翼，衣布大袖，周缘以皂，下加襕，前系二长带，隋唐朝野服之，谓之冯翼之衣，今呼为直掇。"两宋时期的直裰也称为直身，这种衣服被叫作"直掇"是因为背部有一条中缝而没有接襕和打褶，上下通直。宋代的直裰周身衣缘处皆有黑色缘边，常为僧道和文人穿着。

▲ 穿直掇的人物形象
① 元赵孟頫绘《苏东坡像》
② 南宋刘松年《撵茶图》中着直裰的士大夫

2. 复古深衣的再现

在第一章中，我们讨论了战国到汉代的深衣，随着时间的推移，到隋唐时期，传统的深衣逐渐被通裁一体的袍服替代。但是到了宋代，受当时慕古风气的影响，人们也开始对古书中记载的复古深衣进行尝试与探索，希望通过研究古籍，复原出正统的儒者之服。

北宋仁宗嘉祐七年（1062），司马光上疏表达对衣饰的看法，认为今之着装与古不同，而着装实则是"世俗之情，安于所习，骇所未见，固其常也"。也因此，他推崇通过恢复古服的方式来移风易俗，他自己就经常穿着深衣。宋邵伯温在《邵氏闻见录》记录了其父亲、北宋思想家邵雍对司马光的吐槽，"司马温公依《礼记》作深衣、冠簪、幅巾、缙带。每出，朝服乘马，用皮匣贮深衣随其后，入独乐园则衣之"。有一次司马光问邵雍要不要和自己一样穿着深衣，邵雍一脸嫌弃地表示"某为今人，当服今时之衣"。

到了南宋时期，经历靖康之变的士大夫阶层对国家的危机感加剧，华夏本位的民族意识空前高涨，更加愿意在穿衣风尚上追求华夏正统。

《朱子语类》中记载朱熹的评论："今世之服，大抵皆胡服，如上领衫、靴、鞋之属。先王冠服，扫地尽矣。"于是根据《礼记·深衣》的记载，复原出他心目中的深衣。从布料尺寸（"白细布，度用指尺"）、衣服剪裁所用的幅数（四幅）、下摆幅数（十二幅）、长度（"上属于衣，其长及踝"）等各方面详细记录剪裁方法，同时规定衣缘为黑色等颜色，袖子呈腋部略窄、袖身中部逐渐放宽，至袂部逐渐收小，形成圆弧的形状（圆袂），搭配大带、幅巾等，形成一套完整的深衣礼服。这套深衣礼服各处设计均有含义：用布十二幅，象征一年有十二个月；袖口圆形为规、衣领交叠如矩，象征规矩方正；衣背中缝直通及踝，象征正直；下裳的边垂平如秤锤秤杆，象征公平。衣缘依照身份不同而有差别。从形制到尺寸、颜色皆"以应规矩绳权衡"，时时提醒人们要遵守规矩，依礼行事。

朱熹根据《礼记》复原的深衣被称为朱子深衣。朱子深衣在宋代并未广泛传播，平民更是极少有人穿着。然而到了明朝，朱子深衣的影响却很大，日韩服饰中有部分儒者着装是在朱子深衣的基础或思路上制作的。

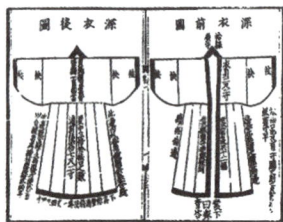

▲ 中华再造善本影印元刻本《文公家礼集注》中的深衣

◀ 日韩服饰中的深衣
① 朝鲜王朝儒学者宋时烈
② 日本江户时代儒学者藤原惺窝

（三）幞头与巾：头上的风雅

1. 各类幞头

除了公服所用直脚幞头，宋代还有各类幞头流行。北宋沈括《梦溪笔谈》中说"本朝幞头有直脚、局脚、交脚、朝天、顺风，凡五等"。

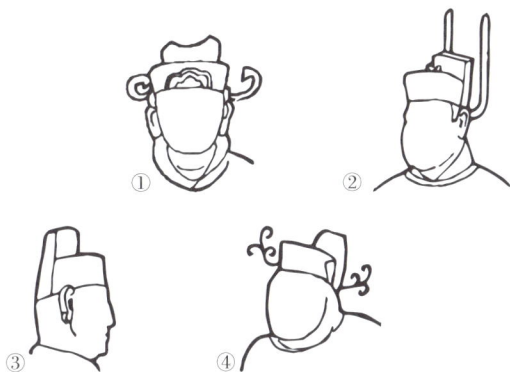

◀ 各类幞头在宋代文物上的表现
① 河南禹州白沙宋墓壁画上的局脚幞头
② 山西晋城高平开化寺宋代壁画的朝天幞头
③ 河南郑州巩义宋永熙陵石雕中的无脚幞头
④ 河南焦作金代邹复墓画像上的卷脚幞头

2. 软巾

随着幞头逐渐演变成帽子，并成为官服配置，平民百姓和文儒士人则恢复了原来头戴幅巾的习惯，士人以幅巾为雅，平民男子的首服也以头巾为主，于是宋代出现了多种多样的头巾。其中软巾最为常用，它是一种没有固定造型的软布，只用来裹住发顶和发髻，也是明代民巾、老人巾的前身。当时的人喜欢在巾下用红绳和珍珠进行装饰，如在宋徽宗像上就可以见到。有时也会在巾上增加帽翅，直到明代小吏们的装束中还在沿用。

▲ 头戴软巾的宋人形象
①②③ 北京故宫博物院藏明朝人画宋徽宗、宋钦宗、宋理宗半身像局部
④ 河南登封唐庄宋代壁画墓 2 号墓室西北壁壁画局部
⑤ 南宋刘松年《中兴四将图》之岳飞像局部

3. 高装巾子

高装巾子是巾体较高的一类巾帽的统称，也称长桶帽、高桶帽、高桶头巾等，这类帽子经常与直裰或圆领袍搭配。宋代常见的一种高装巾子是东坡巾，其特点是底部双层，巾屋较高，四角方正，穿戴时有一角正好位于眉心处。这一帽子的雏形

在五代时就能见到，五代顾闳中《韩熙载夜宴图》中韩熙载所戴帽子就已经基本具备了这些特点，而更早前唐代所流行的乌纱帽，可能也处于这种帽子从南朝的弁到宋代东坡巾的过渡形态。

东坡巾以当世大文豪苏轼的名字命名，但未必是因为由他设计发明，更可能是与苏轼常戴此帽子有关系，宋李廌在《师友谈记》中说，"士大夫近年效东坡桶高檐短，名帽曰'子瞻样'（苏轼字子瞻）"。宋胡仔编撰的《苕溪渔隐丛话》里还记录了一个谜语，谜面是"人人皆戴子瞻帽"，谜底则是东汉政论家、后汉三贤之一的仲长统（取谐音众长桶）。从这些文献中都能看出东坡巾在宋代的流行程度，这种流行一直延续到了明代，《三才图会》中仍有对东坡巾的记录。

▲ ①② 北京故宫博物院藏五代顾闳中《韩熙载夜宴图》局部，由韩熙载自创的高纱帽，用轻纱制成，时人称"韩君轻格"

▲ 图① 台北"故宫博物院"藏《宋太宗半身像》局部，能看出其帽子与图② 唐阎立本《历代帝王图》中南朝陈文帝纱帽卷曲外檐的联系

▲ 文人喜爱的东坡巾
① 北京故宫博物院藏宋李公麟《会昌九老图》局部
② 元赵孟頫《苏东坡画像》局部
③ 台北"故宫博物院"藏宋代缂丝作品《谢安赌墅图》局部

4. 往来皆簪花

两宋时期，男士簪花成为一种时尚风潮，遍及朝野，老少皆宜。按照礼制，宋代皇帝每逢庆典、祭祀会依官序赏赐簪花，"幞头簪花，谓之簪戴。中兴，郊祀、明堂、礼毕回銮，臣僚及扈从并簪花，恭谢日亦如之。大罗花以红、黄、银红三色，

栾枝以杂色罗，大绢花以红、银红二色。罗花以赐百官，栾枝，卿监以上有之；绢花以赐将校以下"。

宋徽宗每次出游，都是"御裹小帽，簪花，乘马"。南宋时，在庆贺太上皇宋高宗赵构八十生辰的御宴上，"自皇帝以至群臣禁卫吏卒，往来皆簪花"。诗人杨万里描述了这场盛会的情景，"春色何须羯鼓催，君王元日领春回。牡丹芍药蔷薇朵，都向千官帽上开"。

甚至在一些特定场合，不簪花会被看作失礼。如司马光20岁中进士，在闻喜宴（皇帝赐新进士宴名叫闻喜宴）上，众人都簪花，司马光不喜华靡，独不簪花。大家便告诫他："君赐不可违也！"由此也可以看出，不簪花是违背礼仪的举动。

朋友之间在便宴时也可以簪花。苏轼在一次酒宴后说自己"人老簪花不自羞，花应羞上老人头"，反映了当时簪花之风的盛行。沈括在《梦溪笔谈》中记载，韩魏公（韩琦）知扬州时，恰巧芍药生金缠腰四朵，便招王岐公（王珪）、王荆公（王安石）、陈秀公（陈升之）宴饮，各簪一枝，后四人相继都当上了宰相。这类"金缠腰"芍药故此成了科举考试中北宋学子们的幸运符，相传簪此花可保官运亨通。农历三月乃暮春时节，百花尽开，"卖花者以马头竹篮盛之，歌叫于市，买者纷然"。幞头上也被簪以金银、罗绢制成的花朵，热闹非凡。

▲ 南宋佚名《歌乐图》局部，女童戴簪花幞

▲ ①②（传）宋苏汉臣《货郎图》局部
注：虽然实际当是明初宫廷画家所作，但还是刻画了宋朝人喜爱簪花的风俗

◀ 受到宋朝人影响，辽代壁画中也有簪花的人物形象
① 河北宣化辽张文纪墓前室西壁壁画《散乐图》
② 河北宣化辽张文藻墓前室西壁壁画《散乐图》局部

辽金元清服饰

　　这一节中，我们关注四个起源于蒙古高原和东北地区的少数民族政权，虽然时间跨度长达一千年且各有特色，但是它们之间仍有延续的脉络。以这样连续而非按时段分类的方式叙述，能够更好地关注到服饰之间的延续性，这正是本书希望向读者揭示的主旨。服饰之间的交流与演变，始终是从实际需求出发，再结合审美观念的交流，从简单模仿到改造利用，最终形成一种具有特色的呈现结果。

　　之所以选取辽、金、元、清作为本章的介绍对象，而没有选取诸如渤海国、西夏、大理国等政权的服饰，更多是出于辽、金、元、清的资料相对全面的考虑，文字资料结合实物能够更翔实地为读者呈现介绍效果。实际上，在唐代灿烂文明辐射与交融的广袤地域上，正如我们在第二章中提到的中原与粟特人的交往与交流那样，也正如本节将要介绍的辽代一样，东北的渤海国、北方的突厥人，同样在与中原的交往与交流中受到启发或影响。两宋这段温暖时期在中国领土上勃兴了众多政权，从瀚海绿洲之中的回鹘、西夏，到高原谷地之间的吐蕃、大理，它们也会像本节讨论的金与元一样，在本民族或地区特色服饰的基础上吸收、借鉴与融合其他民族的服饰风格。而元与清，也会在其看似孤立而自成体系的服装之中，随着本节文字的展开，展露出它们之间实际的联系，这样的联系，也能帮助我们理解今天各民族众多特色服装的产生和发展。中华大地上众多文化灿烂而辉煌，本文所提或许挂一漏万，但希望这样的视角能够给予读者启迪。

▲ 台北"故宫博物院"藏（传）宋陈居中《文姬归汉图》

人物头戴卷云金冠，髡
（kūn）发（即剃发），前
额保有两髦，戴摩羯造型的
耳环；身着雁衔绶带锦袍，
系蹀躞带，穿靴；戴有琥珀
璎珞，手持刺鹅锥。

▶ 辽代贵族形象
参考内蒙古赤峰辽耶律
羽之墓、内蒙古通辽辽
代陈国公主与驸马合葬
墓出土文物以及同期壁
画综合绘制

人物头戴蹋鸱巾（将墓中使用的玉纳言巾环替换为这一时期十分常见的竹节巾环），髡发，两耳后侧各保留部分头发，戴金耳饰；外着方圆领的紫地金锦襕袍，后摆撩开别在腰间，并露出里面的交领翻鸿金锦袍；腰间系有红罗勒帛，上挂鞶囊、玉佩等佩饰（在考古报告的衣物顺序中，此条腰带在紫地金锦襕袍之内，而紫地金锦襕袍外另有一条腰带）；足蹬这一时期开始流行的白靴。

▶ 金齐国王完颜晏形象
参考黑龙江阿城金齐国王墓中出土文物以及同期壁画绘制，个别细节搭配较金齐国王墓出土文物有调整改动

人物头戴有宝石帽顶和染蓝羽毛的钹（bó）笠帽，髡发为婆焦发型，戴珍珠耳环；外着镶有纳石失布料缘边的海青衣，裾下右侧袖子系在身后，内着大红宝里；腰系红色绦带，上有闹装三台；足蹬红靴。

此处亦提醒读者注意，从表现穿着海青衣的画作来看，也存在大量海青衣外不系腰带的情况，或许其外系腰带仅作为功能性使用场合（如挂刀、弓箭）的搭配。

▶ 元代君主或高等级贵族形象参考存世文物和台北"故宫博物院"藏元刘贯道《元世祖出猎图》以及《元代帝后半身像册》绘制

人物头戴行服冠，红宝石帽顶
戴双眼花翎，髡发，脑后留辫；
内着衬衫、穿酱色行袍，外穿
石青色行褂；腰系行带，挂蒙
绿鲨鱼皮的腰刀；蹬尖头皂靴；
右手拇指上有扳指。

▶ 清代一品官员形象
依据存世文物和清代《紫光阁功臣
像》绘制

一、辽金服饰以及它们之间的联系与区别

（一）辽代服饰：延续唐代的另一种发展

《辽史·仪卫志》中指出，辽代服饰"尽致周、秦、两汉、隋、唐文物之遗余而居有之""辽国自太宗入晋之后，皇帝与南班汉官用汉服；太后与北班契丹臣僚用国服，其汉服即五代晋之遗制也"，这些鲜明点出了辽代服饰的源流。辽是契丹族建立的王朝，虽然在历史上，契丹人将自身的历史上溯到炎帝，但是契丹部落走向国家化的进程发生在唐代，到了晚唐时，契丹迭剌部的首领耶律阿保机崛起并征服各部，逐步建立辽朝。

在这一过程中，随着对中原政权的模仿以及对其人口的吸收，辽代服饰在许多方面效仿甚至继承了唐代服饰，呈现出一种多样化和融合的特点。按照《辽史》记载，辽代在服饰上实行"北班国制，南班汉制"的二元服饰制度，即本民族着装与中原着装并存共用，前者被称为"国服"，包括祭服、朝服、公服、常服、田猎服和吊服六种，后者是对五代时期后晋服饰的延续，包括祭服、朝服、公服和常服。

1. 对雁与大团窠：辽代服饰的纹饰

无论是由于松漠都督府（即唐朝时管理契丹的羁縻都督府）时期与唐代的交往，还是模仿自后晋的那种五代风格，唐代流行的团窠和团花纹都逐步融入契丹服饰中。以辽代一类著名的衣服——雁衔绶带锦袍为例，雁衔绶带锦袍不仅出现在内蒙古兴安盟代钦塔拉苏木的辽代早期的 3 号墓中，还在内蒙古赤峰辽耶律羽之墓的服饰残片复原后得以展现。雁衔绶带纹应当是辽代常用的一类纹饰。

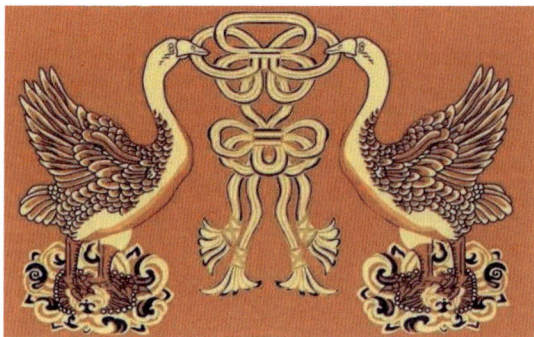

◀ 内蒙古兴安盟代钦塔拉苏木辽墓出土雁衔绶带纹锦袍的纹样

如果探索其根源，宋王溥等人在《唐会要》之中提及，唐德宗时将鸟类衔物的纹饰纳入使用，"节度使文以鹘衔绶带，取其武毅，以靖封内；观察使以雁衔仪委（即瑞草），取其行列有序，冀人人有威仪也"。事实上，这种鸟类衔物的纹饰来源要

更加久远，在萨珊波斯（也称波斯第二帝国，公元 224—651 年，主要信仰祆教），衔项链的鸟有王权的象征，因为它是祆教中至高之神阿胡拉·马兹达的代表，经过粟特人的传播，作为联珠纹的一种进入北朝，直至隋唐，纹饰也逐渐摆脱了宗教意义，而在唐代新样之中又逐渐与花鸟画的审美取向相融合，成为中国本土纹样。

到了唐文宗大和六年（832），皇帝下令"三品以上，许服鹘衔瑞草，雁衔绶带，及对孔雀绫袍袄"，此图案代表的身份象征从此被固化。有此纹饰的丝绸织锦，最终成了辽代早期贵族墓葬中的珍品。除了雁衔绶带，在同期画作与墓葬壁画之中，也可以看到各类在胸、背、肩部有团窠装饰的辽代袍服。不同于同期宋代袍服的素雅（尤其是毫无纹饰的公服），这些团窠装饰最终进入金代公服体系，并且最终成为明清官服补子的滥觞。

▲◀ 衔绶鸟纹样的演进
① 雕刻鸟衔项链图案的萨珊印章
② 阿富汗巴米扬石窟壁画局部
③ 美国克利夫兰艺术博物馆藏隋唐联珠对雁纹锦
④ 大英博物馆藏敦煌唐代百纳经巾 MAS.856 缘边夹缬中的对鸟花卉纹样线图
⑤ 成都蜀锦织绣博物馆藏唐红地花瓣团窠锦

▲ 两肩和胸背处有大型团窠的辽代服饰
① 内蒙古博物院藏吐尔基山辽墓出土彩绘木棺
② 美国波士顿艺术博物馆藏辽代李赞华《东丹王出行图》局部
③ 内蒙古赤峰宝山辽墓 1 号墓前室墓门东侧男吏像局部

▲ 美国克利夫兰艺术博物馆藏辽代服饰，可以见到两肩和背后的凤凰纹饰

2. 开衩与拼接：辽代袍服的活动余量考虑

在表现这一时期的画作中，仍能看出辽代服饰自身的显著特征，袍身窄小而下摆宽松，想必是出于骑马或行动的实用性考虑。袍身窄小主要集中在袖口和胸围，既能防风保暖又便于活动，摆则宽松便于骑马。关于下摆的问题，我们在介绍唐代圆领袍服中的缺胯袍时就有提及，在本章上一节讨论宋代裰袍时也略有提及，在本节的由四个游牧民族建立的政权中，对于这个问题我们会做出系统的阐述，以便读者对下一章明代的服饰，尤其是打褶与侧摆外摆的变迁有更明晰的理解。

读者可能会注意到，"衣襟左衽"虽然在传统意义上作为对中原民族与北方少数民族服饰的区分，却并没有在这里被归纳成辽代服饰的传统特点。左衽，即前襟向左掩，虽然自《尚书》开始被归结为"四夷左衽"，但这种形式却是基于控马与射箭的需求产生的，因而不必同全部少数民族服饰绑定——在辽代出土的服装实物以及壁画中，不仅能看到左衽和右衽的服饰，甚至还能见到可以左右随时换衽的衣服，如辽上京博物馆所藏的出土自内蒙古巴林左旗上京遗址西北群山辽墓的獅豸纹紫绫袍。

辽代的服饰多为长款袍服，上身紧小，下身多会选择开衩的方式增加活动空间，开衩的位置既可以在侧边，与大多数唐代缺胯袍基本一致；也可以选择后开衩，这是最常见与通行的辽代袍服样式，这种选择也是同骑马的便捷性相关的。这些袍服在辽代史料中称为窄袍，如《辽史·仪卫志》中按契丹语称作"展裹"的公服、称作"盘裹"的常服，就有紫窄袍、绿花窄袍，这些都应当是圆领缺胯袍。

▲ 中国丝绸博物馆藏辽代大窠四鹰纹锦袍，上身窄小，下身开衩

▲ 内蒙古通辽吐尔基山辽墓壁画《侍从图》，可以看到侍从服饰紧小的上身和宽松的下摆之间的鲜明对比

从出土实物来看，辽代袍服的后开衩并非简单在后下摆的中间破开，而是左右各有两片顶端缝住的梯形小片，内外交叠，使得开衩后仍然可以起到遮掩的作用，并增强了保暖效果。同样地，在墓葬壁画上，也可以看到男子袍服背后特意画出的梯形线条。这种梯形的后开衩，也会在后文提及，是辽代袍服显著区别于金代袍服的特点。

▲ 内蒙古赤峰滴水壶辽墓壁画《备饮图》《敬食图》，可以看到背向画面的侍从衣服后摆处的梯形线条

另外，辽代袍服上窄下阔，整体呈现 A 形的轮廓，这与唐代圆领袍的 H 形产生了区分。受到面料幅宽的限制，辽代袍服经常在实际制作中使用三角插片，以补足下摆所需宽度。如在北京服装学院民族服饰博物馆藏的辽袍之中，就可以看到这种拼接。

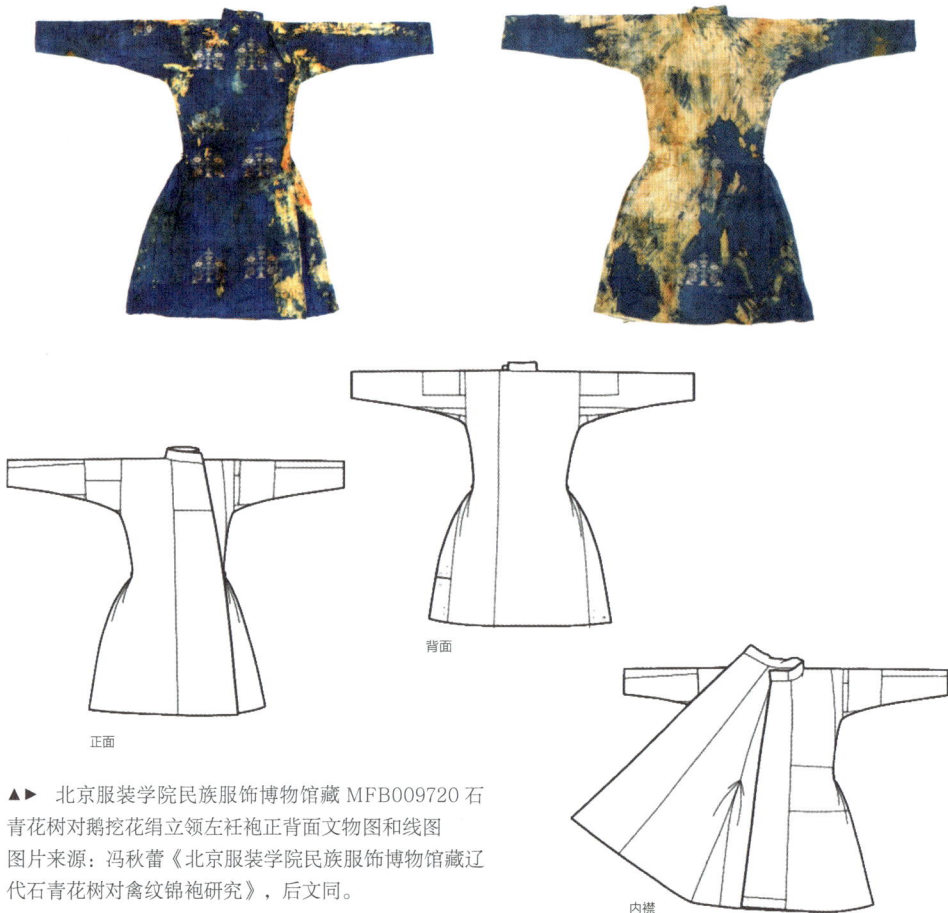

正面

背面

内襟

▲▶ 北京服装学院民族服饰博物馆藏 MFB009720 石青花树对鹅挖花绢立领左衽袍正背面文物图和线图
图片来源：冯秋蕾《北京服装学院民族服饰博物馆藏辽代石青花树对禽纹锦袍研究》，后文同。

当拼接的下摆宽阔到一定程度，衣服本身就已经具有足够的活动余量，从而免去了开衩的需求，这就同宋代公服襕袍那种巨大的放量相近了。在辽墓之中，出土过一类衣身两侧有相近的三角插片拼接结构的宽大服饰，这类衣服多为交领，如前文提及的代钦塔拉苏木辽墓所出的雁衔绶带锦袍以及同墓之中的宝花童子锦袍。雁衔绶带锦袍胸围平铺约 68 厘米，下摆却宽达 176 厘米，足见其下部的宽大。

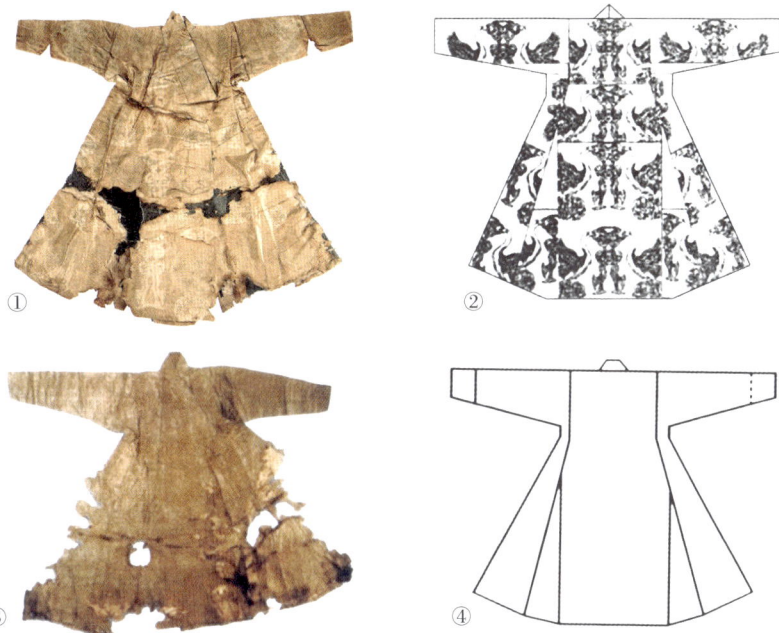

▲▶ 宽大而无开衩的辽代锦袍类型
① ② 内蒙古兴安盟代钦塔拉苏木辽墓出土的雁衔绶带锦袍文物图和线图
③ ④ 宝花童子锦袍文物图和线图
⑤ 瑞士阿贝格基金会藏摩羯狮子团窠纹锦袍文物图

拼接布料在袍服制作上还有另一价值——节约布料。由于织成的袍料为长方形，而衣服并不完全规则，将裁下的布料拼接在不重要的位置可以减少浪费，而通过布料拼接进行对花，亦可减少所需布料。

3. 首服和首饰

（1）有身份者的巾帻

介绍了辽代衣服，下面再来了解与其搭配的首服和首饰。辽代对首服的规定极为严格，辽兴宗重熙二十二年（1053），"诏八房族巾帻"，辽道宗清宁元年（1055），又下令"非勋戚之后及夷离堇副使，并承应有职事人，不带巾"，能否佩戴巾帻成为不同身份等级之间的标志。而百姓若要使用，必须缴纳政府规定的牲畜，如《契丹国志·岁时杂记》载："契丹富豪民要裹头巾者，纳牛、驼十头，马百匹，并给契丹名目，谓之'舍利'"。其中有关"舍利"一词，当代学者孙昊认为是从突厥的 sar 一词发展出来的对契丹贵族的称呼，而非官称，（见孙昊《说"舍利"——兼论契丹、靺鞨、突厥的政治文化互动》）。

这种巾帻目前没有实物出土，但根据《辽史》中所说的皇帝和臣僚的公服和田猎首服均为"幅巾"，可见其使用范围之广，辽墓壁画上的戴巾帻形象也可以给出辅助印证。壁画上的仆役、侍卫都是露顶而无一戴冠或巾帻的。

▲ 戴巾帻的契丹人物形象
① 内蒙古赤峰敖汉旗辽墓 1 号墓墓室顶部壁画《射猎图》局部
② 内蒙古赤峰滴水壶辽墓壁画《备饮图》局部

▲ 无巾帻而露顶的契丹人物形象
内蒙古通辽辽陈国公主与驸马合葬墓东壁壁画《牵马图》局部

（2）作为盛装的卷云金冠

除了巾帻，众多辽墓中还出土过一种卷云金冠，其造型、尺寸及装饰风格与此类冠颇为类似，应当是一类固定的男性契丹贵族的冠帽。这类金或者鎏金的冠帽通常由若干片莲瓣形和云朵形的金属片上下叠压组成，金属片先经锤击成型，再用细银丝缀合，呈现出云层堆卷的视觉效果，冠上佛教火珠与道教人物并存，也反映出辽代的信仰；与之相对，女性的冠式为高翅金冠。

这类金冠属于盛大典礼和祭祀仪式之中的首服，宋孟元老在《东京梦华录》中记录辽人在参与北宋的正旦大朝会时"大辽大使顶金冠，后檐尖长，如大莲叶"，说的应当就是这类卷云金冠。《辽史·仪卫志》中记录大祀的场合、《辽史·礼志》中记录的祭山仪等场合，"皇帝服金文金冠"，应当也是指的这类冠。从使用场合可以看出金冠的正式程度，这并不属于日常搭配的首服，如《宋史·吴奎传》中也

说"契丹以金冠为重，纱冠次之"，前者是盛服，因而对于具有厚葬风俗的契丹人来说，在众多贵族墓葬之中有金冠出土也就不足为奇了。

◄ 卷云金冠
① 内蒙古通辽辽陈国公主与驸马合葬墓出土卷云鎏金银冠
② 香港梦蝶轩藏双龙戏珠纹鎏金红铜冠
③ 内蒙古赤峰温多尔敖瑞山辽墓出土八片式鎏金铜冠

（3）刺鹅锥与璎珞：具有契丹特色的配饰

在具有特殊性的佩戴物品方面，契丹人常佩刺鹅锥。辽代贵族春天"捺钵（nà bō）"（即与契丹游牧习俗相关的营地迁徙和游牧射猎等活动）时，有纵海东青捕天鹅的习惯，其后天鹅坠落就举锥刺鹅头部。南宋李焘《续资治通鉴长编》中记录"辽人皆佩金玉锥，号杀鹅、杀鸭锥"，便是此物。在内蒙古通辽辽陈国公主与驸马合葬墓中，驸马腰带上就佩有玉柄刺鹅锥。

► 内蒙古通辽辽陈国公主与驸马合葬墓出土刺鹅锥

► 内蒙古通辽辽陈国公主与驸马合葬墓出土双层璎珞

在众多辽代佩饰中，璎珞是契丹人的标志性文物。璎珞本来是印度的饰品，汉代起随佛教传入我国。辽代崇佛，这种璎珞也就成了具有时代特征和民族特色的饰品。辽代的璎珞主要是项饰，有单股和多股之分，常以玛瑙、琥珀、水晶辅以金银材质制成，男女均会佩戴。辽代璎珞的典型特点是常成对出现 T 形和鸡心形坠饰，另有玛瑙管形饰、镂空金属球以及较大的琥珀雕刻佩饰。T 形和鸡心形坠饰几乎只见于辽代，可以算作辽代特有的饰品风格。有趣的是，琥珀佩饰在辽代被大量使用，然而考古发现辽代琥珀原料并不产于中国本土，而是来自北欧的波罗的海沿岸，可以窥见这一时期亚欧大陆上贸易交流的频繁。

（二）金代服饰：辽宋兼容，继往开来

金朝是女真人建立的朝代，女真的起源地主要在黑龙江流域和松花江流域，比起生活在辽河流域的契丹人更偏向东北地区，气候也就更加苦寒。对于早期的金人服装，宋宇文懋昭编著的《大金国志》（虽然现在学界多认为《大金国志》一书为元人伪作，但对于史料本就稀缺的金代，书中一些记录仍能提供参考价值）记录女真所在地区冬天十分寒冷，"厚毛为衣，非入室不撤，衣履稍薄则堕指裂肤"，而

只有盛夏才有短暂的像中原一样的温暖时间。夏季时，人们多用当地盛产的白苎织布做衣服，这也就形成了"金俗好衣白"的现象，这同元脱脱《金史·舆服志》中记录的金人常服"其衣色多白"也相符。

1. 金代袍服的特点及辽金服饰的差异

金代的服饰早期受制于气候和环境，以保暖、便捷等功能为主，服饰形制简洁，等级观念不强，并且由于辽代长期统治的影响，服饰中有较多契丹袍服的特征。在完颜阿骨打建立金国后，辽代分别使用汉服和国服两种服饰的南北二元服饰制度也被继承，而随着金人南下中原地区后，一方面推行了因为激起诸多反抗而不甚成功的剃发易服政策，另一方面也迅速接受和吸收了北宋的华丽服饰和完善制度，呈现出诸多中原服饰的特点。

值得一提的是，相较于辽，似乎金代服饰在左衽特点上表现得更为突出。到金统治中原地区后，《大金国志》载"金虏君臣之服大率与中国相似，止左衽异焉"。而到南宋孝宗乾道六年（1170）时，大臣范成大奉使北上金国，其著述《揽辔录》中则说中原百姓亦久习其俗，"民亦久习胡俗，态度嗜好，与之俱化。最甚者衣装之类，其制尽为胡矣"；南宋政治家周必大《二老堂诗话》亦有"钱塘陈益为奉使金国，属官过滹沱光武庙，见塑像左衽"的记录。在金国统治的中原地区，金代服饰亦对中原服饰产生了影响，这样的左衽服饰一直到明初还能见到。

然而由于金代史料较为稀缺，且受到金代皇陵在明末遭到系统性毁坏以及金代葬俗多为火葬的影响，物质资料也并不丰富。目前能够支撑金代服饰讨论的仅有黑龙江阿城金齐国王墓一例，入葬时间约为金大定二年（1162），这是金代中期。金齐国王墓中出土了一批完整有序的服饰，下面将结合其出土文物和此时期的少量绘画、墓葬出土壁画和人俑对金代服饰进行介绍，而更多的系统性的源流问题，还有待未来更多的发现。

在惜字如金的《金史·舆服志》里，记录了金人通用的一种圆领袍，特点是"窄袖、盘领、缝腋，下为襞积，而不缺袴""其长中骭，取便于骑也"，描述了金人服饰的特点是相对窄小、长度大约到小腿，这同辽代袍服一样也是出于便于行动的功能考虑的。尽管金代袍服和辽代袍服相近，但还是有一些细微区别的。

（1）保暖与便捷

从金代服饰的尺寸与开衩处理方式数据来看，金代袍服比起辽代更加"修身"，也因此后开衩幅度更大，其开衩高度往往占到袍服长度的一半。而从保暖角度考虑，在天气更冷的生活环境下，对于开衩部位的保暖同样重要，金代袍服后摆的外接片远比辽袍宽大，起到了双层交叠的防风、保暖作用。

比如，据金齐国王墓考古报告，紫地金锦襕绵袍外侧接片上宽26.5厘米，下宽39厘米，接片之缘已达袍侧，形成了一种近似于上一节中提到的宋代裰袍的视觉效果，不过实际上，两者在制作逻辑上是有区别的，金代的下摆采用的是和辽代同种逻辑的接片处理方式。

▲ 黑龙江哈尔滨金齐国王墓出土紫地金锦襕绵袍文物图及线图

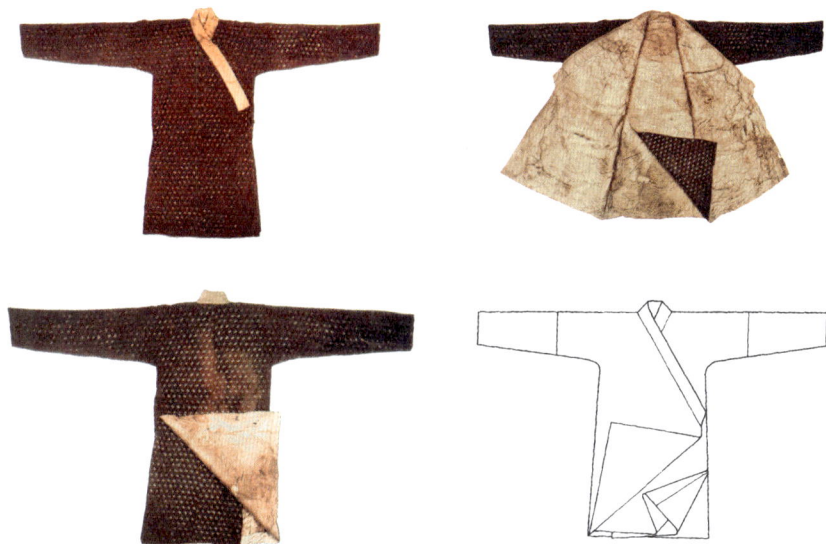

▲ 黑龙江哈尔滨金齐国王墓出土褐地翻鸿金锦袍文物图及线图

开衩高度以及接片宽度的差别，使得金代袍服不再呈现出辽代袍服后背的梯形裁片形状，并且可以更方便地在骑马时撩开后摆、别在腰间，这些细节差异也帮助学界对宋辽金时期的如《文姬归汉图》等同样题材的诸多画作进行断代。

（2）领型的变动与方领的出现

金代服饰的领部结构与辽代产生了区别。一方面，金代的领高显著低于辽代。辽代的圆领袍服领都颇高，甚至有的在 10 厘米以上，往往呈现出圆立领的效果，并且多为外襟圆领、内襟交领。而金代圆领袍服领则低得多，如金齐国王墓出土的紫地金锦襕绵外袍领高仅为 2.6 厘米，并且在金代壁画和人俑中，似乎是受到南宋那种低领偏好的影响，亦表现出同类效果。另外，目前可看到的金代圆领袍的外襟和内襟都是圆领。

另一方面，金代还出现了一种从圆矩形逐渐趋向于方形的新领型，这是目前辽代少见的领型。目前仅见山西大同市博物馆藏有一例标注为辽代的信士夫妻石像存在方领，但其出土来源"大同辽墓"缺少更多信息披露。目前所见最早的方领袍服出现在河南焦作温县西关三街宋墓杂剧人物雕砖上，根据其他考古信息判断，此墓不早于北宋晚期（因此也存在是金墓的可能性）。而在金代大量墓室壁画和石像中，都存在着方领襟袍，并到蒙元时期仍有使用，且变得更加方正。

▲ 河南焦作温县西关三街宋墓杂剧人物雕砖及线图

► 方领锦袍，图片来自新加坡亚洲文明博物馆

可以分析出方领的演变来源：当辽代那种高领圆领袍的前襟降低并延长时，就逐渐演化出方领，后文将会提及的厂字领亦与此趋势有关

▲ 金代壁画中的方领袍服
陕西延安甘泉城关镇袁庄村金代画像砖墓局部

◄ 金代塑像上的方领袍服
① 山西晋城东岳庙天齐殿金代炳灵三太子像
② 河北邯郸磁州窑博物馆藏金代二郎真君像
③ 美国明尼阿波利斯美术馆藏金代磁州窑文昌帝君像（明尼阿波利斯美术馆将此识别为文昌帝君，然而戴此类帽子的更有可能是二郎真君）

◄ 蒙元时期的方领
① 台北"故宫博物院"藏《元太宗窝阔台像》局部
② 陕西西安元世祖中统二年（1261）刘黑马墓出土男侍俑

（3）织金的偏好

正如《金史·舆服志》所言"胸臆肩袖，或饰以金绣"，金代的服饰对于织金，特别是肩袖胸背的金缘装饰产生了兴趣，这亦成为元代各类织金锦袍的滥觞。宋代流落至金国的洪皓在其《松漠纪闻》中记录金代统治者从西域地区掳来大批织工，"女真破陕，悉徙之燕山"，他们将西域的纺织技术和审美取向带入金朝，其中就包括缂丝与织金工艺。

纵观 11 世纪起丝路沿线的亚欧国家，自塞尔柱土耳其帝国时期（塞尔柱突厥人在中亚、西亚建立的伊斯兰帝国，1037—1194），在联珠纹图案的基础上，开

始逐步流行一种具有铭文装饰的织锦，这类服饰统称为异文锦。异文锦的装饰风格逐渐从环绕图案的文字发展成肩袖的带状铭文纹样，如在黑龙江阿城金齐国王墓出土的紫地金锦襕绵袍上，就有仿照古代印度巴利文的风格织就的肩襕和膝襕图案。这些文字目前还没有破解，被推测为一种变体梵文。香港藏家贺祈思亦收藏有一件两袖刺有带状铭文的金元时期的蓝色地鹿纹狩猎锦袍。这类锦袍在设计布料时，预先对文字图样进行了精心安排，保证裁片后文字的正序和完整性，这也体现出纺织织造技术的进步，这些技艺为后来元代织金锦袍的发展奠定了基础。

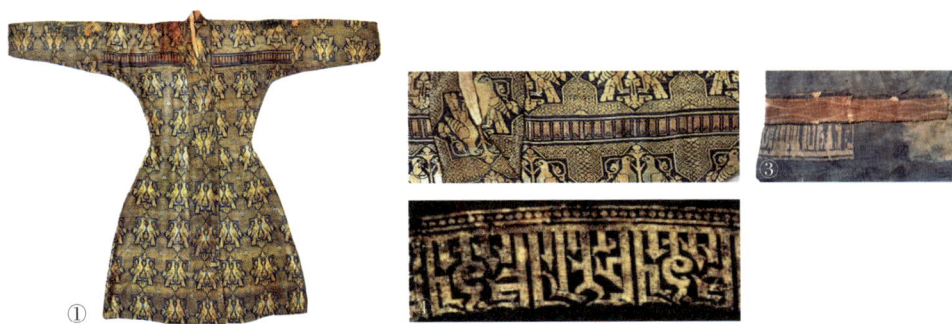

▲ 织金异文字符图案装饰的金代服饰
① ② 加拿大阿迦汗博物馆藏塞尔柱时期锦袍及细节（11—12 世纪）
③ 贺祈思藏金代蓝色地鹿纹狩猎锦袍异文字符图案装饰
④ 黑龙江阿城金齐国王墓出土紫地金锦襕绵袍上，两袖通肩及下摆一圈有织金异文字符图案的装饰

在图像中，也能看到类似的装饰风格。台北"故宫博物院"藏宋陈居中《文姬归汉图》，虽然男主着装面料为典型的元代滴珠窠纳石失锦，且目前据此将这幅画作时间定为元代，但是男女主角、蔡文姬身后的两个孩子和众多侍臣的总体服饰风格模仿辽金，也能看到其中的织金镶缘。

▲ 台北"故宫博物院"藏宋陈居中《文姬归汉图》局部，可以看到蔡文姬同两个孩子衣服上的金缘

2. 连袜裤：吊敦

吊敦（也作钓墩），是一种连袜裤，这种设计在寒冷地区可起到对腿部的额外保暖作用，所以很早就有应用。在新疆吐鲁番鄯善苏贝希墓地出土过一件距今约 2500 年的连靴皮裤，这已经算是足袜与裤筒相连的雏形。位于蒙古国的约西汉时期的诺彦乌拉 6 号墓中，也出土了一条连袜套裤，这座墓被认为是当时匈奴贵族的墓地。将袜的部分改为在裤脚边缘处缝上一条横带，这样穿外套裤或靴子时裤腿不容易上蹿卷起，这种设计在唐代众多牵马俑、驯马俑所着衣物上都可看到。

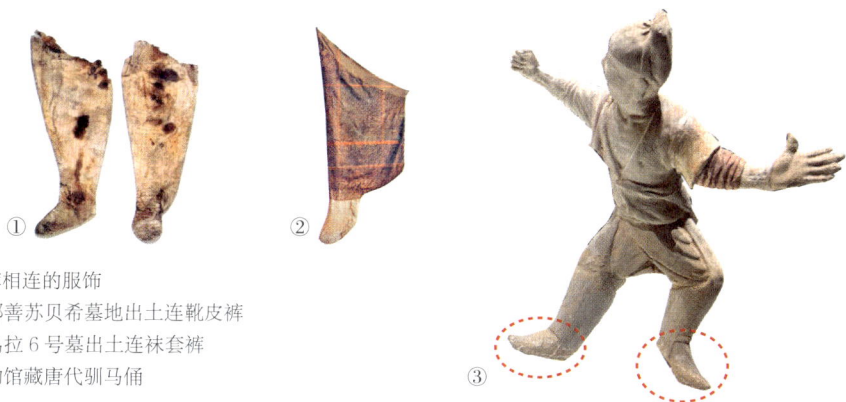

▲▶ 历史上袜裤相连的服饰
① 新疆吐鲁番鄯善苏贝希墓地出土连靴皮裤
② 蒙古国诺彦乌拉 6 号墓出土连袜套裤
③ 河南洛阳博物馆藏唐代驯马俑

这类衣物在辽金时期也非常流行，内蒙古巴林右旗床金沟 5 号墓中出土了辽代的吊敦，在一些壁画上也可以看到。同期西边的西夏也有使用的记录，《东京梦华录》中就记录西夏使节"皆金冠，短小样制，服绯窄袍，金蹀躞，吊敦背，叉手展拜"，吊敦背一词为西夏语词皮靴的对音〔（背字的中古音韵为：补妹切，队韵帮母，西夏文"泥（靴）"字拟音为 pia）〕。在金代文物中，吊敦的使用在目前观察到的情况中表现出男女有别的特点，前述连袜的吊敦为女性使用，而男性则只用蹬带吊敦。

吊敦在北方的流行亦影响到同期的宋代，《宋史·舆服志》中记录，宋徽宗政和二年（1112）有一条在宋朝范围内禁止杂服的禁令，其中就包括吊敦，政和七年（1117）再次强调"敢为契丹服若毡笠、钓墪之类者，以违御笔论"。这种频繁的禁令一方面可以看出吊敦在宋人心中属于胡服一类，另一方面也可以看出在宋代屡禁不止的流行程度。到了南宋，吊敦仍然非常流行，江苏常州周塘桥墓就出土了一件开裆吊敦裤。而在《水浒传》中，亦有不少诸如"脚穿一对吊墩靴""足穿云缝吊墩靴"的描述。

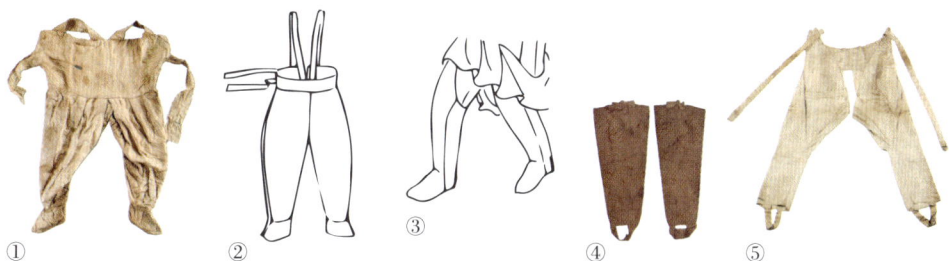

▲ 辽宋金时期的吊敦
① 内蒙古博物院藏辽代吊敦裤
② 内蒙古赤峰床金沟 5 号辽墓出土吊敦裤线图
③ 内蒙古赤峰滴水湖辽墓壁画上的一种连裤靴线图，可能接近吊敦背
④ 黑龙江阿城金齐国王墓出土吊敦
⑤ 江苏常州南宋周塘桥墓出土棕色绢开裆吊敦裤

3. 蹋鸱巾

关于金国人的首服，由于金人服制多随辽制，因此是否戴巾成为此时金人男子区别身份等级的重要标识。

在宋人的记录中，称金人所戴的幞头为蹋鸱（tà chī）。南宋周辉《北辕录》记载女真人："无贵贱，皆着尖头靴；所顶巾谓之蹋鸱。"《揽辔录》中也有记载："男子髡顶，月辄三四髡，不然亦闷痒。余发作锥髻于顶上，包以罗巾，号曰蹋鸱。"据现代研究者称，蹋鸱是幞头的女真语说法。

蹋鸱巾的特点为方顶垂带，《金史·舆服志下》中写："巾之制，以皂罗若纱为之，上结方顶，折垂于后……贵显者于方顶，循十字缝饰以珠，其中必贯以大者，谓之顶珠。"地位显赫者可绣顶珠于巾帽顶。此巾在"文姬"主题绘画中普遍出现，黑龙江阿城金齐国王墓中亦有蹋鸱巾出现。

▶ 黑龙江哈尔滨金齐国王墓出土蹋鸱巾

二、元清服饰以及两者之间的联系与区别

（一）元代服饰：一切为了骑马

1. 腰线和下摆打褶的出现

同样的，作为北方需要骑马游牧的民族，蒙古族在服装的结构与功能上面临着和辽金一样的需求，即如何兼顾密闭性良好的保暖需求与骑马时的活动余量。在辽与金的服装中，我们见到了以侧插片增大下摆或者开衩的应用，但大多还是从属于上下通裁的袍服范围，因此对于增大下摆或者开衩的幅度仍有一定限制，这也是服装布幅宽度与剪裁结构的限制导致的。

但如果不再局限于上下通裁而改为断裁，就可以使下摆不受紧窄的上半身布幅的限制，可以通过增添布幅而变得更加宽大，于是在某一个时刻，后来流行于元明两代的断腰袍的思路就诞生了。

前文我们引用过的石青花树对鹅挖花绢辽袍，就已经有了在侧腰处打褶的设计，同期在新疆喀什地区征集到的应当是喀喇汗国时期（回鹘人和葛逻禄人等族群在今中亚和中国新疆建立的政权，9世纪末至13世纪初）饰缂丝边缘的绢棉袍，不仅在腰侧打褶，还有断腰处理。只在腰两侧打褶的断腰袍服，在元代初期也可以见到，这样的思路同北朝到唐代流行的那种半臂与长袖的下襕是相近的。

▲ 新疆喀什博物馆藏喀喇汗国时期饰缂丝边缘的绢棉袍及腰部打褶细节

▲ 内蒙古乌兰察布明水墓出土元代早期的辫线袍，同样只在腰部两侧打褶

　　这样的款式在元代得到发展，更为流行的就是我们熟知的那种腰部以下周身打褶的断腰袍了。其实不仅是打褶，这样的衣服也继承了辽金的后开衩的思路，下摆由两片衣摆组成，内外相互交叠，衩口位于后方，兼具活动余量与保暖效果。

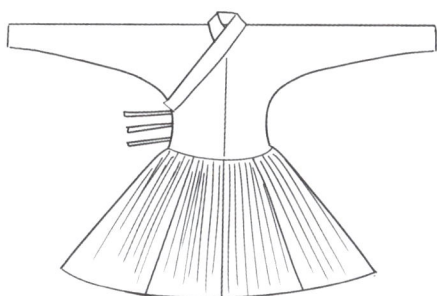

正面

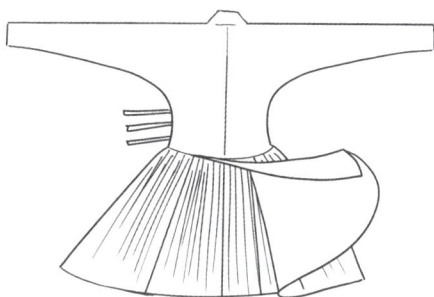

背面

▲ 断腰袍（贴里）线图

　　这样的衣服又因为腰部的结构而称为辫线袍，蒙语作 terlig（也就是明人所用"贴里"这个词的源头）。《元史·舆服志》载"辫线袄，制如窄袖衫，腰作辫线细褶"，宋徐霆在《黑鞑事略》疏证中解释辫线袍的特点是："腰间密密打作细摺，不计其数，

若深衣止十二幅，鞑人摺多尔。又用红紫帛捻成线横在腰上，谓之腰线，盖欲马上腰围，紧束突出，采艳好看。"元明之交的叶子奇在《草木子》中也说："北人华靡之服，帽则金其顶，袄则辫其腰，靴则鹅其顶。"可见除了断腰打褶，辫线袍的另一重要特点是腰间打有横向的腰线，一般色彩鲜艳。

腰线也并非凭空出现。前文中讲述了这一时期流行的三襜、二襜、抱肚等服饰，而这种围在腰间的在骑马过程中能够起到固定作用的功能部件可能就逐渐发展成了辫线袍的腰线部分。这种过渡从对河南焦作西冯封村砖雕墓出土服饰的识别存在很长时期的争议可以看出，另外从元代二襜与辫线袍并不同时出现在同一人像的互斥现象中也可以看出。

然而，随着入主中原，辫线在骑马时的实际功能的减退，就逐步发展出只作为装饰而失去扎紧作用，甚至干脆省略辫线的新款式——腰线袍。亦有没有腰线，下衣身均匀起褶的断腰袍流行，这种两侧不开衩的断腰袍在蒙元时期作常服里衣的情况较多，通常搭配搭护、罩甲等外披衣物。

▲ 从裹肚到辫线的演进
① 河南博物院藏焦作西冯封村砖雕墓出土乐舞俑，对于此墓归属为金或元目前还有一定的争议，笔者倾向于金墓
② 五代胡瓌《卓歇图》中，侍卫腰上缠有裹肚

▶ 辫线袍与腰线袍
① 中国丝绸博物馆藏元代辫线袍
② 丹麦达维德博物馆藏伊尔汗国时期（13—14 世纪）辫线袍
③ 中国丝绸博物馆藏元代腰线袍

▶ 宋陈元靓《事林广记》中着辫线袍（左图）和断腰袍（右图）的人物插图

▲► 中国之外的贴里服饰，同样是受到大蒙古国影响的结果
① 朝鲜的贴里
② 印度莫卧儿帝国的贴里

2. 质孙宴和质孙服辨析

（1）质孙服

提到元代服饰，很多人或许听说过"质孙服"这个概念，然而这个概念在众多介绍中被直接等同于明代的曳撒（有关明代的曳撒我们将在下一章讨论），这种等同关系虽然没错，但也值得进一步辨析。

质孙服的概念来自元代的质孙宴，《元史·舆服志》中写道"质孙，汉言一色服也，内庭大宴则服之"，指出这是一种在质孙宴时穿着的衣服。那么何为质孙宴？13 世纪波斯史学家志费尼的《世界征服者史》中记录了 1229 年蒙古大汗窝阔台即位时的质孙宴场景，"那一整天，直至晚上，他们快乐、友爱地共同议论。同样，一连四十天，他们每天都换上不同颜色的新装，边痛饮，边商讨国事"。意大利传教士若望·柏郎嘉宾出使中国时则记录了 1246 年推选贵由继任大汗时举行的质孙宴，他说与会者们在每一天都会穿着同样颜色的衣服出席宴会，"第一天他们都穿白天鹅绒的衣服；第二天——那一天贵由来到帐幕——穿红天鹅绒的衣服；第三天他们都穿蓝天鹅绒的衣服；第四天穿最好的织锦衣服"，而作者的同行者本笃，险些因为缺乏合格的衣服而被拒绝参与（见《波兰人教友本尼迪克特的叙述》）。

质孙宴，是一种元代宫廷中举行的宴席，凡出席宫廷大宴的诸王、贵戚、大臣及诸色人等都必须穿着御赐的同色服装，而宴席因为人们着同色服装而得名"质孙"，这是蒙语 jisun，即颜色一词的转写。元代周伯琦作长诗《诈马行》，序中说"只孙宴者，只孙，华言一色衣也"，明代延续了这种说法。在《明史·舆服志》中，明太祖洪武六年（1373）规定了校尉穿只孙衣，其注解就是"只孙，一作质孙，本元制，盖一色衣也"。

另外，质孙宴有时也被称作诈马宴，这个词在过去长久的学术讨论中仍有争议（比如清乾隆帝认为诈马宴是同赛马有关的一种活动，亦有学者认为这种宴席启发了如今的那达慕大会的习俗），但主流观点还是认为"诈马"一词来自波斯语 jamah，即衣服的含义，可见依然强调的是宴席上的着装。

有关质孙服，实际上在元代的记述中，看不出它同明代曳撒的必然联系。在这一时期，质孙服的属性是颜色而不涉及形制，《元史·舆服志》中说质孙服"冬夏之服不同，然无定制。凡勋戚大臣近侍，赐则服之。下至于乐工卫士，皆有其服。精粗之制，上下之别，虽不同，总谓之质孙云"。但是在这时期，除了《舆服志》提及的材质精粗的不同，形制上仍有高低等级的区分。从大量的壁画、书籍插图中可以看出，在蒙古人的袍服中，通裁的直身袍的地位仍然高于断腰袍，除了游猎、骑射等场合，贵族们多还是穿着直身袍，同着断腰袍的侍从、乐工形成区分。

而明代，可能是由于"质孙服"的概念只保留在军容性质的服饰之中，而且只保留了断腰袍这一种形制，因此也就逐渐生成了质孙服［明代称其中一种为"曳撒"，曳撒这一名词可能是"一色（yī shǎi）"的变音］等同于断腰袍的今人理解的概念了。而蒙古族则一直传承着以直身袍为主的服饰，逐渐发展出现在蒙古族传统服饰的形制。

◀ 元陈元靓《事林广记》中的主仆插图，前者穿直身袍外加搭护，而后者则穿断腰袍

（2）金线织就的宝里与纳石失

《元史·舆服志》中谈及质孙服的款式时，提到了"宝里"的概念。天子的质孙服中，包括"服大红、桃红、紫蓝、绿宝里……则冠七宝重顶冠""服大红珠宝里红毛子答纳，则冠珠缘边钹笠""服白毛子金丝宝里，则冠白藤宝贝帽"三条，而大臣也有属于自己的宝里。

宝里，指的是有带状装饰的衣服，即"服之有襕者也"。按装饰的部位，襕又可以分肩襕、膝襕等。在阿城金齐国王墓里，就已经能看到金代出现了以织金装饰肩袖和下摆的风气，而这在元代十分流行。除了襕，元代人也喜欢在胸前、背后装饰以织锦图案，称为胸背，是后世补子的前身。

▶ 元刘贯道《元世祖出猎图》中着宝里的元世祖形象，线图中可见袖部、肩部、膝部的襕

《元史·舆服志》谈及质孙服的布料时，提及了一种名为"纳石失"的布料，"服纳石失，怯绵里，则冠金锦暖帽"。正如宝里的贵重反映出的，元人非常喜爱织金的布料，除了中国境内产的传统金锦（元人称为"金缎子"），亦有西域所产的金锦，这就是纳石失了。除了在大量衣服中使用纳石失，甚至按《元史·祭祀志》记录，元人送葬之车"用白毡青缘纳石失为帘，覆棺亦以纳石失为之"，最前面巫人引导所用的金灵马也要"笼以纳石失"。

纳石失，在中国文献中亦可见纳失失、纳什失、纳赤思、纳周赤、纳奇锡、纳赤惕、纳瑟瑟等多种异写形式，清代又被翻译为"纳克实"。如此五花八门的翻译是因为这种布料是波斯语 Nasij 的音译，而 Nasij 又是阿拉伯语的转写，语意为"加金的布"。

纳石失与传统金锦最大的区别在于金线的处理方式。传统金锦是将黄金打成金箔，粘附在背衬上，再切割成极窄的长片，称为片金或平金。纳石失除了片金工艺，还有以丝线为芯，将片金线搓捻缠绕在外的工艺，称为捻金或圆金。为稳定生产，《元史·百官志》记录特设专门的生产机构，包括工部的两个别失八里局、纳失失毛段二局中的纳失失局、储政院的弘州纳失失局等。

3. 俨如四臂的海青衣

另一种应当加以解释的常见元代服饰名词是"海青衣"，此海青衣并非当代佛教场合所用的服装，而是一种对袖子有特别处理的袍服。正如《元世祖出猎图》中可见，侍从的服装在袖子靠近肩部的位置有一明显的开口，而最右侧张弓的侍从则将手臂从左侧开口中伸出。宋郑思肖在《心史》中将这类"于前臂肩间开缝"的衣服称为海青衣。天热时手臂可从开口处伸出，并将开口以下的长袖反扣于衣服背后的扣子上，"反支悬纽背缝间，俨如四臂"，起到短袖衣的散热效果。

◀　元刘贯道《元世祖出猎图》中的各类海青衣

①

▲▶ 海青衣
① 佳士得拍卖的大蒙古国海青衣
② 中国丝绸博物馆藏元代菱地飞鸟纹绫海青衣

②

4. 帽与宝石

蒙元时期，蒙古族不论男女都有戴帽子的习惯。叶子奇的《草木子》记录当时的帽子"其檐或圆，或前圆后方，或楼子，盖兜鍪之遗制也"。

冬季所戴的帽子以保暖为主
要目的，为暖帽或风帽，多用皮
草制作，如右图中成吉思汗与窝
阔台所戴，这些帽子都有长长的
后披部分以挡风保暖。

▶ 暖帽
① 戴暖帽（也称栖鹰冠）的成吉思汗画像
② 山西朔州宝宁寺明代水陆画中戴暖帽的
人物形象
③ 陕西西安元刘黑马家族墓地 16 号墓出
土人俑所戴的同类型暖帽线图

▲▶ 风帽
① 内蒙古出土的同类型纳石失风帽
② 戴风帽的窝阔台画像

　　除了保暖作用，元代还注意给笠帽加上前檐以遮挡阳光的照射。按《元史·后
妃列传》记载，蒙古人的帽子本来没有前檐，元世祖忽必烈时期，因为忽必烈"射
日色炫目"，贤惠体贴的皇后察必才给帽子增加了前檐，此后成为一种固定搭配。
元代加前檐的笠帽样子繁多（表 6），但即使前后皆圆，也仍然能看出前檐和后披
是分离的。

表6　各式各样加檐和后披的笠帽

笠帽分类	前圆后方帽		前圆后圆帽	
分类	帽檐与后披有重叠	帽檐与后披分离	帽檐与后披分离	帽檐与后披有重叠
实物图				
线图				

表格转引自李莉莎：《元世祖出猎图》服饰考。

▲ 甘肃漳县汪世显家族墓出土加檐的笠帽　　　▲ 蒙古国查干哈楠岩洞墓出土加檐的笠帽

这就将这类帽子与钹笠帽区分开。钹笠因为形如乐器钹而得名，如元成宗画像所示，有时也会在里面加上一块用来挡风遮阴的布料。

▲ 钹笠帽
① 甘肃省博物馆藏汪世显家族墓出土纱面竹胎钹笠帽
注：提醒读者注意，此帽在修复过程中误将作为帽链的串饰安装在了帽顶
② 山西长治前万户汤王庙大殿的元代供养人像，头戴钹笠帽
③ 头戴钹笠帽的元成宗画像

除了钹笠，元代还流行一种方笠，帽体呈四方形，上窄下宽，扩张形开口。这种帽子出现得很早，其源头甚至可以上溯到斯基泰人与匈奴人的尖顶帽，在北魏时期随葬的胡人舞俑上也能见到此类形象。金元时这类帽子非常流行。

▲ 方笠
① 美国弗利尔美术馆藏元赵雍《临李公麟人马图》局部
② 山西侯马金代墓 65H4M102 中的砖雕人物
③ 河南焦作西冯封村砖雕墓出土乐舞俑

　　近世对于这类方笠的命名和识别过程经历了一波三折。沈从文先生把这类帽子命名为"瓦楞帽"，并认为这同晚明诸多文献中广为记载的瓦楞帽是一类物品，但实际上并非如此，瓦楞帽是因其帽顶折叠、状如瓦楞而得名，和这类帽子无关。此后很长一段时间，根据明《魁本对相四言杂字》插图，学界又普遍称其为"幔笠"，然而当代学者陈诗宇根据另一版本四言杂字《新刻对相四言》的插图并结合词源，指出幔笠实际应当是一种有纱幔的笠。因此对于这类帽型，只称其为方笠即可。

▲ 山西大同元代王青墓出土方笠

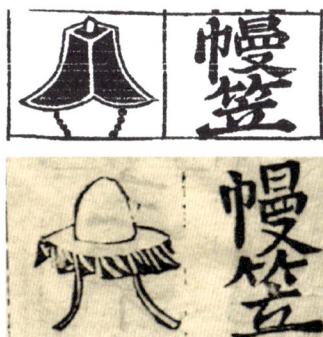

▲ 《魁本对相四言杂字》《新刻对相四言》插图中的"幔笠"

在蒙元时期，人们常用金玉宝石作为帽顶，另外加上羽毛作为装饰。元陶宗仪《南村辍耕录》中记录元成宗大德年间（1297—1307）有一块著名的产自西域的大红宝石，"重一两三钱，估直中统钞十四万锭"，可谓珍宝，最后这块宝石被做成了元成宗的帽顶，并为此后的皇帝作为"相承宝重"，在正旦及天寿节等重大节庆场合使用。

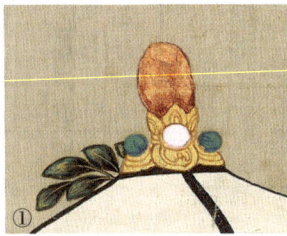

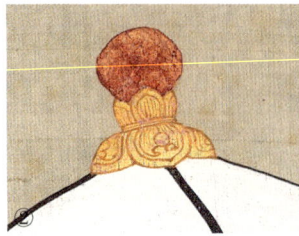

▲ ①②元代皇帝画像上有红宝石镶嵌的帽顶

▲ 台北"故宫博物院"藏元代汀渚鹭鸶纹玉顶

（二）清代服饰：貌离神合

相较于前面三个朝代，清代由于距今较近，能够获取的资料看似非常丰富，但在对清代服饰的讨论中，其起源实际上仍存在许多尚不清晰的问题。无论清朝人是自我追溯的延续金代的女真族，还是后来逐步形成的满族，这个民族在入关之前同样生活在东北地区，并在很长时间内如前面探讨的发展模式一样，受到了13—17世纪南方明朝与西方蒙古的共同影响。清代前期的服饰一直处于变动和吸收发展之中，直到乾隆三十一年（1766）校勘完成《皇朝礼器图式》，按照同一类别款式细节处的数量、样式的相互交叉组合，形成了极为复杂的服饰制度体系，最终成为清代服饰的定式。

1. 髡发习俗

满族的传统服饰是一种上下通裁的圆领袍服，与此前讨论的大量圆领袍服相比，其最大的特点是内襟为直领，另外加有箭袖（即马蹄袖）。男子剃额前发、脑后编辫。曾被囚禁在后金国的朝鲜人李民寏在其著作《建州闻见录》中记录后金天命四年（明万历四十七年，1619）入关以前的满族男性发型，"皆拔须剪发，顶后存发如小指许，编而垂之左"。

这种剃掉部分头发、保留其余头发的发型学名叫作髡发。髡发在中国是东胡这一支系少数民族区别于其他少数民族的特点（如匈奴、突厥就都是梳辫子而不剃头的）。《三国志·乌丸鲜卑东夷传》的裴松之注中就指出"乌丸者，东胡也……悉髡头以为轻便。妇人至嫁时乃养发"，鲜卑"言语、习俗与乌丸同"，男子也是髡头。

▲ 内蒙古呼和浩特和林格尔汉墓壁画《觐见墓主图》局部，可以看到早期东胡民族的髡发，图中人物是乌丸或鲜卑人

到了辽金时期，有关髡发的文字和物质记录变得丰富。辽代的发型在宋真宗天禧五年（1021）宋绶的记录中是"额后垂金花织成夹带，中贮发一总"，沈括《熙宁使虏图抄》也说"其人剪发，妥其两髦"，这基本上能同辽代墓葬中的图像匹配，契丹人保留额前两鬓并有两绺头发垂下，其余剪短或剃掉，某些时期颅顶留发一撮。

▲ 辽代髡发风格从早期至晚期的演进
图片转引自：李甍《略论辽代契丹髡发的样式》

金代女真人的发型则可见宋徐梦莘《三朝北盟会编》，其中记录为"男子辫发垂后，耳垂金环，留脑后发，以色丝系之，富者以珠玉为饰"。这与契丹有所区别，一是金代女真人是在耳后保留部分头发，二是不同于契丹人的散发，金代女真人是编有辫子的。宋汤璹在《建炎德安守御录》中提供了一则旁证，记录宋高宗建炎三

▲ 五代胡瓌《卓歇图》中的金人发型

年（1129）时，"贼至黄州，皆剃头辫发，作金人装束"，即把剃头、辫发作为识别金国士兵的标志。这样的区分可以辅助辨别辽金元时期创作的众多《文姬归汉图》的具体朝代。

同样的，出身于东胡支系的蒙古族男性也髡发。常见的蒙古人发型按蒙语称呼为"婆焦"，宋赵珙《蒙鞑备录》记载"上至成吉思，下及国人，皆剃婆焦，如中国小儿留三搭头，在囟门者稍长则剪之，两下者总小角，垂于肩上"。见到过成吉思汗的丘处机也在《长春真人西游记》里记载蒙古"男子结发垂两耳"，按照宋郑思肖的《心史》记载，这种两旁头发垂下又绾髻的发型称作"不狼儿"。蒙古的发型对于同期的南宋也产生了影响，《宋史·五行志》中记录南宋理宗时宫妃服妖，"剃削童发……或留之顶前，束以彩缯"，称作鹁角，这其实就是对蒙语"婆焦"的另一种翻译。

◀ 元代蒙古人的婆焦发型
① 台北"故宫博物院"藏《元武宗海山像》局部
② 陕西渭南蒲城县洞耳村元墓壁画《男侍图》局部

不过，除这种常见的发型外，蒙古人也会留一种仅在脑后垂下两辫或一辫的发型，这就同后金时期的发型十分相近了。《心史》中就记录了"或合辫为一，直拖垂衣背"的发型，从元世祖中统二年（1261）的刘黑马家族墓地出土文物到元至顺刻本《事林广记》中也都可以见到这样的发型。

明代万历时的官员萧大亨同漠南蒙古部落有较多交往,他的《北虏风俗》记录见到的土默特部的蒙古发型是"其人自幼至老,发皆削去,独存脑后寸许为一小辫,余发稍长即剪之。唯冬月不剪,贵其暖也"。至迟在明万历年间,蒙古男性的发型就以单辫为主流了,这在稍晚的内蒙古包头美岱召壁画中也可以得到证明,其中的男性供养人不见元代蒙古的两辫发型,均为后垂单辫。

▲ "合辫为一,直拖垂衣背"的发型
① 重庆巫山县庙宇镇元墓壁画侍从形象
② 陕西西安刘黑马家族墓出土男侍俑线图
③ 宋陈元靓《事林广记》插图
④ 内蒙古包头美岱召壁画中的男性供养人形象

在众多有髡发习俗的民族与政权中,比较特殊的是党项人建立的西夏。党项是生活在西北地区的一个民族,唐宋时期将其识别为西羌的一支,但部落首领以拓跋为姓,可能同西迁的拓跋鲜卑有关。在西夏建国之前对党项人的记录中,均没有其民族髡发的记载,只有披发或辫发发型,这与同时期的羌人发式相一致。

但是,在李元昊建立西夏后,很快颁布了"秃发令",强制推行髡发。宋李焘《续资治通鉴长编》宋仁宗景祐元年(1034)十月丁卯卷载:"初制秃发令,元昊先自秃发,及令国人皆秃发,三日不从令,许众杀之。"从李元昊颁秃发令时需要"先自秃发"来看,党项族那时候还没有髡发的习惯,但到了元人编写《辽史·西夏外记》时,就已经默认"其俗,衣白窄衫……短刀、弓矢、穿靴、秃发,耳重环",这便是从属于政治目的的对服饰习俗的改变。

▲ 甘肃酒泉榆林窟第29窟壁画中的西夏人髡发形象

这样的现象在清初也存在。1644年清军入关后,曾经考虑并短暂实行过此前辽代那样的"满汉两班"的政策,但很快多尔衮又接受孙之獬等人的建议,转而推行严格的"剃发易服"政策。此后,中国古代的服饰风格与体系发生了一次根本性的转变。尽管从时代的角度来说如此转变可能会被理解为"断裂",但清代所穿着服饰也并非凭空出现的,而是同样经历了符合其现实需求和追求精神审美的演进。从本书希望向读者揭示服饰的关联与演进的角度,本节对清代服饰进行介绍时,会着重关注于其与此前存在的服饰,无论是蒙古族服饰还是中原服饰的相互交织的影响。

2. 上下通裁的圆领袍服类别

清代的男性服饰可分为朝服、吉服、常服、行服等类别（对于雨服、戎服这类功能性着装，本书囿于篇幅不做介绍）。基于延续女真传统的上下通裁的圆领袍服的概念，我们先分别介绍吉服、常服、行服，下一部分再对独立于这种传统的断裁服饰——朝袍进行讨论。

后金国建立之初，还没有对众多袍服的细分概念，而是将圆领、右衽大襟、有马蹄袖的直身式长袍统称为袍服，以同有披肩领的朝服进行区别。清太祖天命六年（1621），努尔哈赤颁布的服饰命令中说"凡朝服，俱用披肩领，平居只有袍"。直到入关后，清朝逐步建立起自己的服饰制度，才有了更详细的吉服、常服、行服的形制和使用场合的规定。

（1）彩衣吉服

吉服，是用在节日、庆典等场合以示吉庆的服装。吉服的概念在明代就有了，明代官员戴乌纱帽、穿大红色常服圆领袍作为吉服，但是形成明确完整的一级着装概念要到清代。在清代，吉服可能是皇帝同王公大臣和文武百官穿用最多的礼仪着装，其体系包括吉服褂和吉服袍，同时戴吉服冠、束吉服带并挂朝珠。

有关吉服褂的内容，将在下一部分同朝服褂一同介绍，而吉服袍是这套衣服中最核心的服饰，常被俗称为龙（蟒）袍、花衣、彩服。吉服袍的纹饰，特别是对于龙（蟒）纹的使用，成为区分身份的主要方法。按照《大清会典》所载，皇帝使用五爪九龙，亲王、郡王这两个爵位级别为五爪九蟒，以下则为四爪九蟒（郡君额驸、辅国将军、奉国将军、一等侍卫以及贝勒以下文武官员一品至三品）、四爪八蟒（县君额驸、奉恩将军、二等侍卫到蓝翎侍卫、文武官员四品至六品）和四爪五蟒（文武官员七品至未入流官）。

▲ 清郎世宁等《万树园赐宴图》中着吉服的乾隆皇帝和众人

▲ 着吉服袍的怡贤亲王胤祥画像，可以看到五爪的蟒纹，实际上五爪的蟒纹和龙纹在表达上并无区分，只是皇帝使用称之为龙，而亲王、郡王使用称之为蟒

▶ 清佚名《雍正帝读书像》，着吉服袍而没有外褂，除胸背及两肩饰正龙各一、下摆前后行龙各二之外，这件衣服里襟下摆处还有一条龙，总体形成"龙飞九五"的概念

清代早期的吉服还不是上图中的样子，早期吉服无论男女均使用团龙（蟒）纹样，这种情况在清官修《满洲实录》中努尔哈赤的画像以及北京故宫博物院藏顺治帝的半身画像和存世衣物中还能看到。康熙朝后期、雍正朝开始，上图中满地云龙（蟒）纹的吉服袍逐渐成为主流款式，团纹在男性吉服中逐渐不再流行，但从满地云龙（蟒）纹中龙（蟒）的位置上，还能看出早期团纹的残留痕迹。目前能看到的男性袍服使用团龙纹的下限在乾隆年间郎世宁所绘制的《准噶尔贡马图》中，这幅画作大约是在乾隆十三年（1748）绘制的。到乾隆二十九年（1764）《大清会典》和乾隆三十一年（1766）《皇朝礼器图式》颁布时，男子吉服袍使用满地云龙（蟒）纹，下缘有海水江崖纹成为定制，八团龙纹让位于女性，成为清代后妃服饰的专有纹样，而不再为皇帝服饰所有。

▲ 清代早期八团龙纹吉服袍与后来的满地云龙（蟒）纹吉服袍的对比
① 清顺治帝半身像
② 清乾隆帝半身像
③ 北京故宫博物院藏顺治明黄色纱缂绣八团龙袍
④ 沈阳故宫藏清蓝色缂丝三蓝云龙单袍

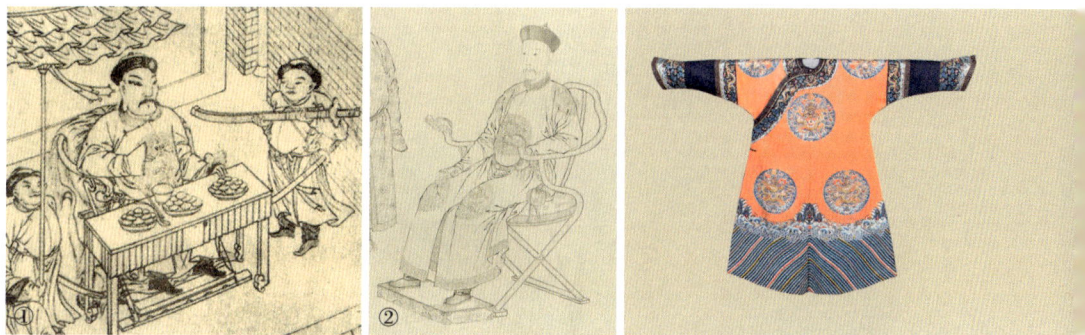

▲ 团龙吉服袍
① 清《满洲实录》中着团龙吉服袍的努尔哈赤
② 法国巴黎人类博物馆藏郎世宁《准噶尔贡马图》中着团龙吉服袍的乾隆帝

▲ 美国费城艺术博物馆藏八团龙女袍

（2）素雅常服与功能行服

常服，穿用于较正式的场合，其体系同样包括褂、袍两件，并搭配冠带。袍的颜色、纹饰不像吉服那样有严格的规定，但是通常以素色暗花为主，褂则是圆领、对襟平袖、身长过膝的长褂，色多用石青色，无论君臣常服褂皆无补。

► 北京故宫博物院藏清乾隆时期蓝色簟锦纹暗花绸常服夹袍

► 北京故宫博物院藏清乾隆时期石青色团龙纹暗花实地纱夹常服褂

行服是清代男性外出巡行、狩猎、出征时所穿的服装，包括行冠、行袍、行褂、行裳、行带五部分。行袍的特殊之处在于右侧下摆高一尺处断开，用三组纽袢相连，以方便上马，所以也称作"缺襟袍"。行褂则长与坐齐，袖长及肘，比常服褂干练许多。行裳系于腰间，再用里侧的带子分别系于两腿，起到御寒、抗磨的作用，类似今日电动车和摩托车挡风被的效果。

► 孔子博物馆藏姜黄色暗花缎行服袍

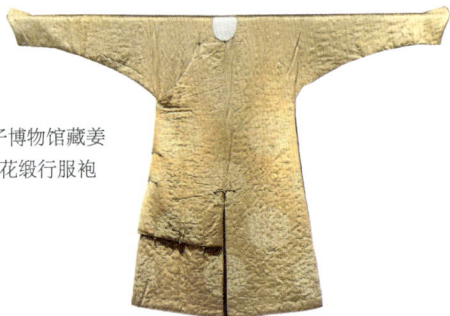

▲ 北京故宫博物院藏清康熙时期石青色素缎银鼠皮行服褂示意图

◄◄ 行服与常服
① 天津博物馆藏《紫光阁功臣像之阿玉锡像》，着行裳
② 北京故宫博物院藏清雍正时期梅花鹿皮行裳及内里示意图

（3）闲居便服

便服则更加日常和随意，是清代宫廷日常闲居时穿用的服装。便袍与常服袍相比，往往不开衩或开衩很低，并且不使用马蹄袖。到了清后期穿着时，常与马甲和瓜皮小帽相搭配。

▲ 《胤禛读书像》《旻宁情殷鉴古图》《载湉读书像》中的便服形象

▲ 清末展示射箭的老照片，从左到右分别着常服、行服和便服

细心的读者或许会发现，文中介绍的这些清代圆领大襟袍服都是没有领子的，这是传统清代服饰的特点。但入关后，满族人也逐渐受到中原服饰的影响，对领子这种服饰结构十分喜爱。于是他们创造性地发明出一种翻折式的分体硬领，硬领前后延长的两片常称为领衣，因形状如牛舌，故俗称牛舌头。穿着时先穿上硬领，然后再在外面穿袍褂。上图左侧着常服的人物就穿了这样的硬领。

3. 朝服以及蒙古族服饰对清代服饰的影响

清代的朝服体系与上述这类服饰具有显著区别，其包括端罩、补褂（皇帝使用时称作衮服，皇子使用时称龙褂，亲王以下使用则称补褂）和朝袍。

（1）皮草端罩

端罩同衮服（龙褂、补褂）都是罩在朝袍之外穿着的衣服，均是圆领对襟的褂，两者是互为替代的关系。天气寒冷时就使用皮草制成的端罩，起到保暖作用。有趣的是，端罩的满语叫作 dahū，实际上正是蒙古人最初使用的"搭护"一词。搭护在蒙古语中为毛皮、皮袄之意，后来才逐渐演变成元明常见的那种半袖衣物，而在满语中还保留了古义。

▲ 外着搭护的元文宗和元明宗

▲ 北京故宫博物院藏清佚名《万国来朝图》局部，着端罩的乾隆皇帝以及大臣

▶ 中国国家博物馆藏端罩

有关端罩的材质，上至皇帝，下到各级王公大臣，使用的多为对应等级的狐皮和貂皮。制造端罩颇为奢侈，如清宫档案中记录过乾隆二十一年（1756）十月十九日的一条内务府官员的汇报："貂尾现有三万一千九百六十个，不够做一件端罩"。

然而侍卫会使用其他不同材质的皮草来显示身份，一等侍卫端罩使用猞猁狲间以貂皮，二等侍卫端罩使用红豹皮，三等侍卫端罩使用黄狐皮，如果仔细看，很容易在各类画作中发现它们的身影。

◀ 北京故宫博物院藏清佚名《万国来朝图》中与一、二、三等侍卫身份对应的端罩

（2）加了补子的补褂

补褂是穿在朝袍或吉服袍之外的圆领对襟的褂式服装，因为和常服褂相比增加了用于识别身份的补子，所以称为补褂或者补服。按照清代规定，皇帝、皇子、亲王、亲王世子、郡王、贝勒、贝子、固伦额驸的补子皆为圆补，其余人则使用方补。进而又依照图案区分出皇帝使用四团五爪金龙，左右肩分别饰日、月两章，称为"衮服"；皇子使用四团五爪金龙，但减去日、月两章，称"龙褂"。

◀ 清代朝袍外的衮服和补服
①《乾隆坐像》局部，着衮服，内衬朝服
②《明瑞坐像》，着特赐的四团龙补服，内衬朝服
③《紫光阁平定金川前五十功臣之福隆安像》，着方补服，内衬朝服

▲ 衮服
① 清乾隆年间《皇朝礼器图式》中的衮服插图
② 北京故宫博物院藏清康熙时期石青色缎绣四团金龙纹夹衮服

▲ 北京故宫博物院藏清乾隆时期衮服左肩团龙上的红日图案

提到衮服，或许会联想到在第一章谈及冕服时，皇帝祭天所用的"衮冕服"。清代推行剃发易服之后，此前皇帝的冕服体系也彻底被废止，皇帝的着装同宋金开始的大臣的服装一样，终于全部"朝祭合一"，即大朝会和祭祀场合穿着同一套最正式的礼服。按照清朝中期人的认知，清代的朝服体系是同冕服一致的，比如端罩可以类比大裘冕，而朝袍又合乎上衣下裳的古制。不过从清代的朝服体系的发展脉络来看，可能并非如此，下文对此展开介绍。

（3）朝袍：一种贴里

一些影视剧里，清代的皇帝似乎总是穿着一件明黄色的有披肩领的衣服，即朝袍，出现在各种场合。但实际上，这套"朝祭合一"的过于正式的礼服并不是清代皇帝们在大部分时间穿着的衣服，他们平日里更多是着吉服、常服或便服的。

朝袍的独特之处，从它的结构就能看出来。不同于上节各类袍服的通裁，朝袍为断腰袍，上下分裁、腰间打褶、下摆散开如裙。这与其说是上衣下裳，不如说同前述元代断腰袍、明代的贴里如出一辙，断腰袍、贴里的蒙语为 terlig，而清代朝袍的满语为 tereli，从名称中能看出它们的相关性，只是朝袍加有满族特色的厂字大襟和马蹄袖。

▲ 北京故宫博物院藏清乾隆时期明黄色纳纱金龙纹单朝袍背面，可以看到搭配的披肩领

▲ 中国国家博物馆藏清康熙御用石青实地纱片金边单朝袍

有关朝服中的朝袍的记录，在清代官撰编年档册《满文老档》中说最早出现于清太祖天命三年（1618），努尔哈赤赏赐呼尔哈部首领纳喀达，其中就包括"春秋穿之蟒缎无扇肩朝衣"，其后努尔哈赤及皇太极时期的记录中，朝衣也经常作为赏赐出现。这条记录中特别强调了无扇肩朝衣，这是因为当时的"披肩领"是一种极高的礼遇，是荣誉与地位的象征。

然而追溯披肩领，其在女真这一地区的来源可以归结到辽代的"贾哈"，金代张炜《大金集礼·舆服下》载："又禁私家用纯黄帐幕陈设，若曾经宣赐銮舆服御，日月云肩、龙文黄服、五个鞘眼之鞍皆须更改"，可以看到云肩（披肩）领已经纳入礼制的使用范畴，在金人张瑀的《文姬归汉图》中也可以看到。到了北元后，正如萧大亨的记录，"围于肩背，名曰贾哈，锐其两隅，其式如箕，左右垂于两肩，以锦貂为之"，这种披肩领在这一时期的各类壁画上也可见到，并从蒙古族的服饰体系进入后金的服饰体系，同朝袍一起作为一种赏赐，成为荣誉的象征。到了清太祖天命六年（1621），朝服断腰袍搭配披肩领的形式彻底固定了下来。

▲ 金元明时期，北方使用的披肩领
① 吉林省博物院藏金人张瑀《文姬归汉图》局部
② 甘肃敦煌莫高窟元代重修第 332 窟蒙古族供养人形象
③ ④ 内蒙古鄂尔多斯阿尔寨石窟第 31 窟《萨迦法王为忽必烈灌顶授戒图》、第 28 窟《成吉思汗家族图》
⑤ 中国国家博物馆藏明代《平番得胜图》中的蒙古家丁形象
⑥ 俄罗斯科学院东方文献研究所藏明代《俺答汗进贡图长卷与表文》局部
⑦ 蒙古国乌兰巴托扎那巴札尔美术博物馆藏明代蒙古外喀尔喀部领主阿巴岱汗夫妇供养图（复制品）

正是因为朝袍的这一特殊性，从努尔哈赤时期一直到乾隆时期，朝服制度始终在进行修订和发展，这就导致清前期的皇室及贵族朝服袍从款式到纹样差异颇大。比如清早期的一些容像中，可以看到朝袍的龙、蟒纹延续了明代袍的行龙、蟒风格而不使用坐龙、蟒。如果对比前文的康熙与嘉庆的朝袍，会发现袍身是逐渐变肥大的，断腰袍断开的位置也不断提高。另外，在朝服袍的断腰处与大襟的折线形缘形成一个方形的区域，康熙袍服上的此处是空白的，而雍正时期开始对这里进行装饰，乾隆时期则正式规定了在此处装饰正龙纹，成为此后定制。

▲ 山东青州博物馆藏清顺治朝大臣房可壮画像，身着朝袍，还保留了两条膝襕

▲ ① ② ③ ④ 清康熙、雍正、乾隆、嘉庆四朝的朝服细节
图片转引自严勇等主编：《清宫服饰图典》

《大清会典》和《皇朝礼器图式》的颁布，标志着清代服饰制度的最终成型，清代此后各朝均严格遵循此制。正如此时朝服体系已经逐渐被拿来同冕服体系类比一样，乾隆亦将十二章纹纳入帝王的朝服袍中。不过有意思的是，由于朝袍穿着时经常外配补褂，只能看到朝袍下摆，因此，清代后期出现了一些只有如同围裙一样的朝袍下半截的省钱与偷懒穿法——这反倒是真的在形式上恢复了"上衣下裳"的逻辑。

▲ 清乾隆年间《皇朝礼器图式》中皇帝冬朝袍图样，可以看到十二章纹

（4）云肩、厂字领、红缨帽：其他细节的延续

对上述这些早于后金国建立的 16—17 世纪蒙古人物形象进行归纳时，会发现他们所着的服饰中已经出现了众多现代人所熟知的清代元素，如云肩、厂字领、对襟等。如果我们大胆一些，或许可以推测（原因是北元以及明代蒙古服饰的演进仍然缺乏足够的证据链条支撑）实际上是明代中后期的蒙古服饰影响了后金服饰的发展（同样地，后来清代日渐成熟的服饰体系亦反哺和影响了蒙古的服饰，形成了今日的蒙古袍服特色），这在清代所用的冬帽与夏笠上也有表现。

▶▼ 衣领从高领、圆领向厂字襟的过渡状态
① ②蒙古国境内都贵查海尔岩洞墓出土花边皮袍复原图及其文物遗存，此墓葬的时间约为 10 世纪末

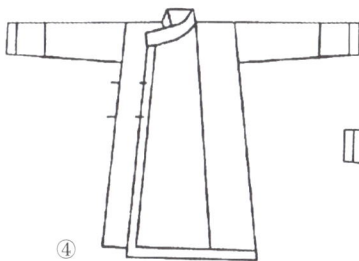

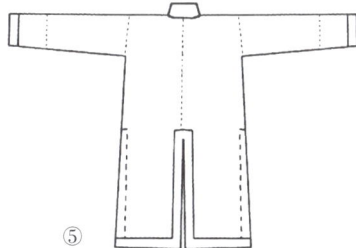

③ ④ ⑤ 蒙古国境内都贵查海尔岩洞墓出土毡袍遗存及其线图（线图转引自：通格勒格《阿尔泰山东麓考古新发现所见蒙元服饰》）
⑥ 11 世纪初金代蓝色地鹿纹狩猎锦袍

清代的帽与笠，无论是朝服体系，还是其他服饰体系，最明显的特征是都用红缨作为装饰，朝鲜李民寏在《建州闻见录》记载天命四年（1619）时"冬寒皆服毛裘，所戴之笠，寒暖异制。夏则以草结成，如我国农笠而小。冬则以毛皮为之，如我国胡耳掩之制，而缝合其顶，上皆加红毛一团饰"。

而这在更早时候被视为蒙古人的标志（尽管蒙古应当是从宋金继承了这种红缨帽饰）。红绒顶在元代各种武士陶俑和绘画中可以见到，而这些16—17世纪蒙古人物形象中的帽笠，已经同清代的样式十分接近了。甚至《清世祖实录》中记录了顺治四年（1647）时，外喀尔喀札萨克图汗把清朝视为蒙古的一次乌龙事件：外喀尔喀札萨克图汗将满人称为红缨蒙古，而顺治皇帝纠正"我朝原系红缨满洲，所称蒙古为谁？"

◀ 西藏拉萨大昭寺壁画上的固始汗形象，明末清初卫拉特蒙古和硕特部首领，此时的卫拉特蒙古各部还没有完全从属于清代统治，因而其服饰具有一定独立性
注：由于特定时期历史原因，本壁画为有底本的重绘或者修复作品

◀ 内蒙古包头美岱召壁画《顺义王扯力克供养图》
注：有关美岱召壁画的创作时间问题，目前学界尚有一定争议，其分布时间存在分期，上至明末下至清代中叶，此处采信包头市文物管理处的说法，认为供养人像当为明末清初作品

第四章

等级的僭越：明代服饰及其异变

本章导读

　　以明代服饰作为全书的最后一章，这是由明代服饰作为中国古代服饰演进逻辑的总结与集成的属性决定的。一方面，明代服饰反映了中国数千年礼制文化的深度积淀与发展，也是中国古代服饰体系中最完整的体现，不仅在礼服、公服、常服等多方面延续了前代的传统，还对服饰的设计、色彩、搭配等进行了系统化、规范化的发展，展现出极为清晰的体系。另一方面，随着生产力的发展和市民社会的繁荣，服饰中突出的等级性也在走向消解，展现出更为灵活多样、逐渐融入更多的实用性与审美趣味的风貌。

明代公务人员服饰

人物头戴梁冠，内着绿色贴里、白纱中单，外着红罗衣、裳，前系蔽膝（画面视角未露出），后系大绶，腰系玉带，手执笏板。

▶ 着朝服的明代官员形象参考孔府旧藏实物以及北京明十三陵石像生、各类明代绘画综合绘制

四位官员均头戴高乌纱帽；左一着常服，可以看到这一时期的向后的平摆，前后缀三品文官使用的孔雀补（参考同时期存世实物绘制），搭配金花腰带和腰牌；左二着蟒袍，蟒为正蟒，腰系玉带；左三着常服，前后缀四品文官使用的云雁补（参考同时期肖像画绘制）；左四着直身，系绦带。

▲ 明神宗万历时期的官员形象
注：本图仅用于展示服饰，这四位官员所着服饰通常不会在同一场合情境下同时出现

人物头戴有金线的忠静冠，此
时的忠静冠尚能看出其梁冠或
进贤冠的设计原型，而非后期
纶巾的样子；内着玉色深衣，
外着施以云纹的忠静服，前后
缀仙鹤补子（参考同时期肖像
画绘制）；腰系大带；脚穿白
袜青履。

▶ 明世宗嘉靖时期着忠
静冠服的一品文官形象
参考《大明会典》官员
忠静冠服绘制

按《大明会典》载，明代官员服饰可分为朝服、祭服、常服、公服、忠静冠服等多种类别，此外还有特定场合才会使用的功能性质的吉服、素服、丧服、戎服等。其中，朝服、祭服、公服属于礼仪性质的服饰，按明敖英《东谷赘言》所述，朝服"唯朝廷有大朝会如圣节、元旦、冬至、册封、传胪、献俘，乃服之"，是相当隆重的服饰；而每月初一和十五的朝会则着公服；其他更加日常的一般性工作时间，则穿着常服（因其胸前背后缀有补子而又被称为补服）。从明中期的嘉靖年间开始，官员闲居在家的时刻，又多了一套表明自己身份的服饰——忠静冠服。本章将对这五类服饰的使用场合、搭配方式及其在明代的流变一一进行介绍。

一、朝服和祭服的小心思

明代的朝服与祭服非常相似，几乎唯有上衣颜色不同。究其本源，朝服出现于汉代，我们在第一章中已有讨论。随着此后公服、常服的流行，朝服的使用场合越来越偏向于礼仪性质，至唐宋基本定型，成了只有在"大朝会"时才会穿的衣服，以至于元朝人为了记住这一套复杂的穿着顺序和搭配内容，甚至编写了口诀："袜履中单黄带先，裙袍蔽膝绶绅连。方心曲领蓝腰带，玉佩丁当冠笏全。"明代的朝服也基本继承了宋代形制。

而用于祭祀活动的祭服的演变则相对曲折，唐及之前的大部分时期，依照《周礼》，君臣祭祀着不同等级和类别的冕服。唐后期开始，群臣几乎不再着冕服，而皇帝祭祀改为只穿衮冕，不再穿其他冕服。宋金以后，随着冕服列入御用及群臣冕服的彻底废除，将朝服上衣改变颜色后就成了群臣的祭服。这一做法延续到明代，虽然明洪武"诏衣冠如唐制"，但并没有恢复唐初的君臣均"服周之冕"的风尚，衮冕依然仅属于皇帝与诸王，诸臣没有服冕的资格，故而明代祭服与朝服的规制相近，唯颜色和个别附件及使用场合方面有差异。

（一）朝服

明洪武元年（1368），明太祖和礼部首次议定臣下朝服，其组成包括梁冠、上衣、中单、下裳、蔽膝、大带、革带、佩绶、袜、履，以冠梁数及大绶装饰图案分等级。

▶ 北京故宫博物院藏明余士、吴钺《徐显卿宦迹图之皇极侍班》，可以看到群臣在大朝会场合穿着朝服

▲ 北京故宫博物院藏明余士、吴钺《徐显卿宦迹图之楚藩持节》，可以看到出使进行册封场合，官员亦身穿朝服

1. 首服

朝服的朝服所使用的首服为梁冠，这其实就是第一章提及的自汉代以来延续的进贤冠。在明代，因为冠体饰有一条条排列有序的冠梁而被称为"梁冠"。

明代的朝服延续了汉代"以冠统服"的制度，梁冠，而非衣服，是这一身朝服中最明显的区分身份的物件。据《大明会典》记载，明太祖洪武二十六年（1393，实际改制时间为洪武二十四年）颁布的梁冠用制分十一等：最高等级是八梁冠，为"公"这一等级专用，冠上设笼巾貂蝉、立笔、香草、前后玉蝉等饰件；其次是七梁冠上加笼巾貂蝉，使用者为侯、伯、驸马等。其等级区别在于冠上的立笔折数、香草段数、蝉的质地等。这其实就是第一章中谈及的宋代以来把武弁大冠融入进贤冠的结果，只不过在明代，除皇室成员外"非军功不得封爵"，这才让勋爵所戴的笼巾貂蝉暗合了第一章中提及的武弁的武将身份古意。

一品官员也戴七梁冠，但不加貂蝉笼巾，二品者冠用六梁，以下依次递减，至八和九品，冠用一梁。其中比较特殊的是御史的梁冠，会在本品梁冠上加代表獬豸的装饰。獬豸是一种上古的神兽，似羊而头上只有一只角，能辨别善恶忠奸，因此从先秦的楚国开始，就成为一种冠饰，汉代沿用，称为獬豸冠或者法冠。

▲ ① 老照片中的孔府旧藏明代梁冠，仍为六梁的完整状态，符合据衍圣公品级（现存实物仅存五梁）
② 中国国家博物馆藏《追封临淮侯后军都督府金事李宗城像》局部，可以看到七梁冠（正中的梁被立笔遮挡）上加笼巾貂蝉、立笔
③ 山东青岛即墨博物馆藏《蓝章朝服像》局部，可以看到其二梁冠中央有一尖角的獬豸形象

2. 衣服

　　朝服的衣服延续秦汉时期上衣下裳和蔽膝的"三件套"二部式模式，相比于复杂而等级鲜明的梁冠，衣服则"自公、侯、驸马、伯，一品至九品，俱用赤罗衣，白纱中单，皆青饰领缘，赤罗为裳，亦用青缘，蔽膝同裳色"，穿着并无区分。这身朝服里，上衣下裳和蔽膝都由红色的罗制成，内则穿白纱中单，衣、裳都有皂青色的缘边，蔽膝则没有。

　　在孔府旧藏中，目前还留存有完整的朝服衣裳，让我们得以一窥实物面貌。值得一提的是孔府旧藏的赤罗裳，相较于典籍中"前三幅后四幅、每幅三襞积"的要求有所变化，展示出一种类似于女装马面裙的样子。

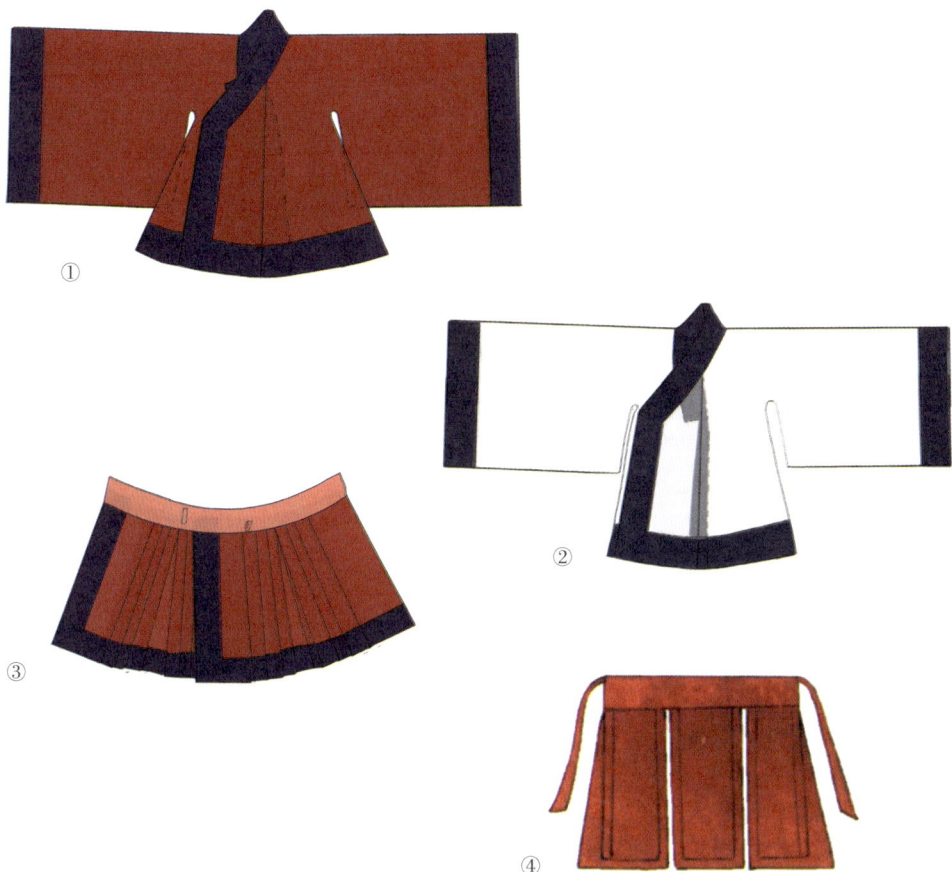

▲ 孔府旧藏明代服饰示意图
① 赤罗衣
② 白纱中单
③ 赤罗裳
④《明宫冠服仪仗图》中"前三后四"的下裳图样

3. 鞋履

朝服中的鞋履，若按照规定，应为"白袜、黑履"，但是发展至明代中后期，受到当时风尚的影响，朝臣多穿红色绿镶边的云履，以至于明神宗万历五年（1577）专门发布了这样一条规定，"令百官正旦朝贺，毋僭蹑朱履"，即不要在元旦穿红鞋，这一规定侧面反映出红鞋搭配朝服已经成了常态。孔府旧藏中有这样一双红色云履，其用大红缎制作，鞋首缀青绿色云头，鞋面正中及两侧施绿缘。

发展到明后期，红色云履不仅可搭配朝服，还可搭配便服穿着，明末清初顾炎武在《日知录》中就提及了这样一种明后期士庶服装大量僭越的情形："万历初，庶民穿腾骻，儒生穿双脸鞋，非乡先生首戴忠静冠者，不得穿厢边云头履，俗呼朝鞋。至近日而门快舆皂无非云履，医卜星相莫不方巾。"

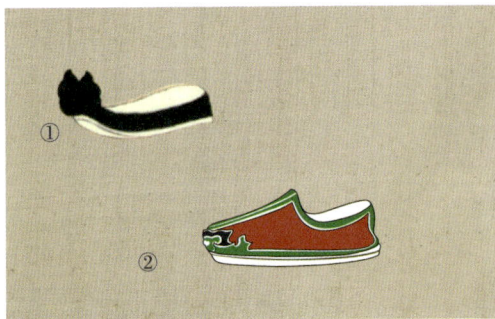

▲ ①《明宫冠服仪仗图》中的黑履
② 孔府旧藏明代红色绿镶边云履示意图

▲ 清徐璋《松江邦彦画像册之孙士美像》局部，可见红色绿镶边的云履

4. 配饰

和朝服相关的配饰包括大绶、大带、笏板和组佩。

（1）大绶

大绶，亦称锦绶，具体情况在明嘉靖前后有所变化。在明世宗嘉靖七年（1528）朝服改制之前，大绶：公侯至一品用绿黄赤紫四色云鹤花锦，玉环；二品纹样与一品相同，犀环；三品、四品用黄绿赤紫四色锦鸡花锦，金环；五品用黄绿赤紫四色盘雕花锦，银镀金环；六品、七品用黄绿赤三色练鹊花锦，银环；八品、九品用黄绿二色鸂鶒花锦，铜环。嘉靖后，绶的图案按照官员"品级花样"织造，与常服的补子花样相同。

▲ 北京明十三陵神道文官石像生，大绶，四色云鹤花锦，上有一对玉绶环和三组小绶

（2）大带

　　大带是系于腰上垂于蔽膝之前的装饰，亦以嘉靖七年为界分为两种。明代早期使用绯白大带，"大带赤、白二色绢"；嘉靖后则使用搭配青色丝绦的缘绿边的大带，"大带表里俱素，唯两耳及下垂缘绿，又以青组约之"。下图从左到右按时代排序，展示出嘉靖七年改制前后的朝服变化情况，可以看到图①②官员腰间垂下白色者为早期的绯白大带，剑尖头；图③官员身穿嘉靖改制后的朝服，腰间垂下青色丝绦的缘绿边的大带；图④官员展现出明晚期进一步简化的大带，不再环绕腰间，而仅保留垂下部分，大带头部缝缀在蔽膝上，这种变化在忠静冠服、明代深衣上亦可见到。

▲ 嘉靖改制前后的朝服
① 嘉靖改制前的朝服，美国国立亚洲艺术博物馆藏《颖国武襄公杨洪像》局部
② 嘉靖改制前的朝服，中国历史研究院藏明毛纪《四朝恩遇图之华盖读书》局部
③ 嘉靖改制后的朝服，首都博物馆藏明《天安门图》局部
④ 嘉靖改制后的朝服，山东济南平阴县博物馆藏明于慎行《东阁衣冠年谱画册》局部（《东阁衣冠年谱画册》系列图片来源：大明风物志，后文同）

（3）笏板

　　明代笏板，五品以上至公、侯，皆用象牙，六品以下用刷白漆的槐木。孔府所藏朝服赤罗衣的右衣襟上有一小兜，据推测可以揣放笏板。这是因为明早期是实束革带，可以将笏板插在大带和革带之间，而晚明虚束革带之后无法再插放笏板，就改为放在怀兜里。

▲ 笏板
① 孔府旧藏明代笏板
② 插在大带和革带之间的笏板

▲ 放笏板用的小兜
① 明代赤罗衣小兜细节
② 公服笏板揣放效果

（4）组佩

明代朝服组佩三品以上用玉，四品以下用药玉（即琉璃）。材质除了玉、药玉，实物出土还有铜质，一些明代笔记中的文字也可以印证。铜质的出现大概是因为药玉撞击易碎，而铜片耐用且同样可以发出声响，但是其使用实际上不符合礼仪要求。

▲ 《大明会典》中绘制的组佩

▲ 不同材质的组佩
① 山东曲阜孔子博物馆藏明代玉组佩
② 江苏南京钦天监副贝琳家族墓地 32 号墓出土明代铜组佩

除了材质的变化，右上图①中玉组佩的红纱也是和实用性相关的变化。据明沈德符《万历野获编》载，嘉靖初年尚宝司卿捧宝（即手捧"皇帝奉天之宝"这一玺印走在皇帝身前导驾），走路时玉佩和嘉靖帝的玉佩缠在了一起，"尚宝卿谢敏行，以故事捧宝逼近宸旒，其佩忽与上佩相纠结，赖中官始得解。敏行惶怖伏罪，上特宥之"。"吃一堑，长一智"，以后大家就按嘉靖帝的要求用红纱囊把玉佩装起来。

不过"着纱袋"后就听不见环佩叮当之声了，这其实在郊天大礼之时显得不合礼仪，因此从《徐显卿宦迹图》来看，并非嘉靖年后官员均在玉佩外套红色纱袋。同样根据《万历野获编》，在明神宗万历十四年（1586）的祭天仪式中，太常寺丞董宏业的玉佩挂在了鼎耳上，"寺臣董宏业所佩忽为鼎耳所挂，上立待许久，始得成礼"，同样佐证了嘉靖之后并不是一直"着纱袋"的。而孔子博物馆的玉组佩将玉钉缀在红色罗织物上，既可以保证识别身份等级和发出声响，又避免了由于走动产生大幅度摇晃而发生勾连。

（二）祭服

明代祭服是在皇帝亲祀郊庙、社稷的时候，文武官员分献或陪祀穿着的礼仪性服饰。明太祖洪武元年（1368）十一月诏定其式样，"与朝服同，唯衣色用青，加方心曲领"。

明代后期，祭服出现了上衣用皂色、衣裳都饰青缘的改变。祭服主体和襦边的颜色发生了互换，可能是因为明代祭服使用次数过少，官员们不愿意专门去做一件祭服下裳，故调整上衣颜色，可以直接搭配朝服下裳来穿。

▲ 嘉靖改制后的祭服整体搭配
明于慎行《东阁衣冠年谱画册》局部

▲ 山东曲阜孔子博物馆藏明代皂罗衣示意图

明初的祭服上有一种叫作"方心曲领"的部件，这是一种宋代错误理解古人白纱中单的新发明。对于方心，目前学界还有一些争议，其出处应当来自《礼记·深衣》中的"曲袼如矩以应方"。一些观点认为这是外袍的交领（其中也有交领和有折角的矩领两种说法），另一些观点则认为这是中衣领子上的情况。曲领的概念则更明

晰一些，《释名·释衣服》中说"曲领在内，所以禁中衣领上横雍颈，其状曲也"，指的是中衣领子上有一块像围嘴一样的弯曲的布料，这在汉代骑马俑和唐代画作上都能看到。

宋代以前的方心曲领从属于衣服本身的结构，而宋代人却把它理解成朝服衣服以外的另一件物品，设计为一种类似于项圈的有白色方块的样式。司马光就一度对此感到困惑，说"今朝服有方心曲领，以白罗为之，方二寸许，缀于圆领之上，以带于项后结之，或者袷之遗像钦？又今小儿迭方幅系于颔下，谓之涎衣，亦与郑说颇相符。然事当阙疑，未敢决从也"，吐槽宋代的方心曲领跟小孩子的口水巾都符合东汉郑玄《周礼注》的描述。

宋代的方心曲领搭配朝服使用，元代将本属于朝服体系的方心曲领移至百官祭服之上，而明代的方心曲领则延续自元代，用于祭服而不见于朝服。和宋代方心曲领的区别在于，明代方心的部分不再是实心矩形，而是中有镂空的。明世宗嘉靖八

年（1529）后，祭服的变化
除了和朝服相同的部分，嘉靖
又以"古制不传，况始自隋岂
可袭用"为由将方心曲领革除。

► 嘉靖改制前祭服上使用的白赤二色
大带和方心曲领
中国历史研究院藏明毛纪《四朝恩遇图
之太庙遗祀》，穿嘉靖改制前的祭服
注：此图的彩色版本目前没有完整披露，
仅存一张视频资料中非平放角度的转场
截图，仅供读者参考配色

► 明徐一夔、梁寅等《明
集礼》中所绘方心曲领

◄ 北京明十三陵神道文官
石像生，从背侧可以看到
方心曲领实际是用扣子在
颈后闭合的

　　相较于朝服，祭服的使用场合更少，虽然《明太祖实录》记载祭家庙也可使用
祭服，但是祭服大多还是在典礼场合由礼部统一下发分配，典礼后再统一收回的，
以至于存放太久、使用过多，出现了《万历起居注》中记载的陪祀官员"衣衫蓝褛、
殆类乞人"的情形。朝服常为官员自备，这一点从《徐显卿宦迹图》大朝会上各官
员朝服颜色细节多有不同中可以看出。但是为了保持文武官员朝服的规范，朝廷也
会统一"命工部预造朝服"以赐百官。《明世宗实录》还记载嘉靖年间，皇帝和礼
部对礼服标准进行调整，郡王以上的衮服，青衣、纁裳由内府制作，统一发放，而
自郡王的长子以下的王府各人，朝、祭服则是"于所司领价"自行更改。在这一事
件中，礼部的奏折就指出"皆取给内府则糜费不赀，若使自制则于越无度"，可见
其中也有统一或自行制作的权衡取舍。

二、常服（补服）与公服

比起朝服和祭服这类华贵服饰一看就是很明显的大礼服，常服和公服的关系可能看起来更让人头晕一些，明朝人自己也会将它们进行额外的区分。如果说常服像唐朝衣服，那么公服则更像是宋朝衣服。

（一）常服

常服意如其名，是日常处理公务所穿之服，由乌纱帽、缀有补子的圆领袍（明朝人称团领衫）以及靴、带组成，因其最为突出的特点就是胸前背后所缝或缀的两片补子，所以也会俗称补服。常见的明代官员服装，就是这一身衣服。

1. 常服的搭配层次

常服衣服的固定搭配，有些像西装的三件套，最内着贴里，外加搭护，就像衬衫和马甲，最外面才会套上圆领袍，而不会单独穿着。而最近孔府旧藏披露出的明代服饰套装，证明了到明中后期贴里、搭护、圆领袍的三件套，被直身、圆领袍的组合取代，但无论如何，明朝人是不会单独穿着没有领子的圆领袍的。

▲ 江苏南京博物院藏明《沈度独引友鹤图》局部，可以看到红色圆领袍下的白色贴里和绿色搭护边缘

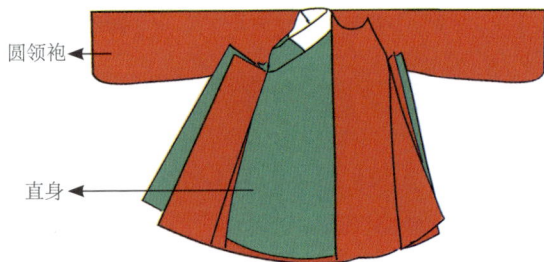

▲ 孔府旧藏明代服饰红色圆领袍加绿色直身示意图原文物发表自撷芳主人

圆领袍上的补子，可能对于大明百官来说是最重要的识别身份等级的标志了。这里或许要纠正一个刻板印象，即明代并不以常服的颜色来区分等级，对于百官来说，日常穿着除禁色外不拘颜色，而在一些特定情况下则有同一颜色的着装需求。以《徐显卿宦迹图》为例，就可以看到三种不同情况的常服穿着要求。

下面三幅图中的图①题为"日直讲读"，表现的是日常的文渊阁学士侍讲场面，其中各位内阁学士和作为像主的徐显卿戴乌纱、着圆领袍，但是圆领袍颜色各异、自由不拘。

图②题为"经筵进讲"，经筵是明代相对隆重的日常活动，在每年某些月份的固定时间进行。内阁、六部尚书、左右都御史、通政使、大理寺卿等侍班，讲书完毕后还要赐酒饭。在这种场合下，如图所见，所有着常服的官员，尽管官阶不同，但都要着表示吉庆含义的红色圆领袍，这就是其在清代成为一级服饰的吉服的滥觞。但图中官员所着红色圆领袍的颜色明显存在差异、参差不齐，也证明了作为官员吉服使用的圆领袍并非统一制作、统一分配，而是各自准备，因而颜色、材质才会有差异。

图③题为"岁祷道行"，这张图绘制的是明神宗万历十三年（1585）夏季时，因为久旱不雨，万历皇帝率百官步行至南郊祈雨的场面。这张图里皇帝和百官均着青袍，这是一种在服装形制上与上述圆领袍相同，只不过颜色为青色、不缀补子的特定服饰，在一些丧礼、谒陵或者祈祷、斋戒场合，百官都需要着青袍以示肃穆与修省。另外，明代殿试结束后考中的进士们也会穿青袍作为常服，这是因为他们虽然在各部观政，但还是"实习生"，没有正式的编制和官阶俸禄。

▲《日直讲读》　　　　▲《经筵进讲》　　　　▲《岁祷道行》

明中叶的官员崔铣记录过一次因为百官只穿素服青袍而发生的意外事故：明代的上朝队伍本应是按照品级而行以示尊卑，结果因为只着青袍而看不出等级，小官走着走着就和上级并排而行，直到看清对方的脸才意识到自己犯了礼仪错误。崔铣感慨，如果像往常一样穿有补子的红色圆领袍、佩戴不同材质的腰带，估计就不会出现这种问题了。

2. "衣冠禽兽"：补子

正如上述事件所见，圆领袍本身并不能区分和识别官员等级，明代常服的识别只能依靠身上所缝或缀的两方补子了。最初，明代的常服和公服一样是没有补子的，但是不同于常服的不拘颜色，公服是可以通过不同品级固定所用的颜色而一眼看出人物身份的。明太祖洪武二十四年（1391），为了强化常服的身份识别功能，新的舆服令要求在圆领袍上引用"补子花样"对官员等级进行区分。

补子又称胸背、花样。明代规定文官使用禽鸟（一般是一对）、武官使用走兽（一般是一只）作为主要图案。补子的具体内容可参考下图。

《大明会典》中记录的明代文官官服补子样式：

▲ 一品仙鹤；二品锦鸡；三品孔雀

▲ 四品云雁；五品白鹇（xián）；六品鹭鸶；七品鸂鶒（xī chì）

▲ 八品、九品并杂职黄鹂、鹌鹑、练鹊　　　　　　　▲ 风宪官獬豸

《大明会典》中记录的明代武官官服补子样式：

▲ 一品、二品狮子　▲ 三品、四品虎豹

▲ 五品熊罴；六品、七品彪；八品犀牛；九品海马

▲ 公、侯、伯、驸马麒麟、白泽

修订于明神宗万历年间（1573—1620）的《大明会典》内容全面，大致反映了明中晚期的补子样式，但其实纵观整个明代，补子的审美也随着风尚发生过变化。下图列举了从明初到明末一品仙鹤补子的演变，明初的补子一般以金线织绣而成，随着时间的推移，纹样不再事先织在衣料上，而是另行织就，再补缀到衣服上，图案也因此变得更加丰富。

从此时期的图像资料和出土实物来看，明武宗正德（1506—1521）到明世宗嘉靖（1522—1566）时期有一种别出心裁的特色补子，以连续团云纹作地纹，而上下对飞的禽鸟也改为左右对飞。万历时期，团状的云变长，成为横向的流云，大朵的牡丹或莲花点缀其中，这一时期的补子实物常以缂丝方式制作，格外精美华丽。晚明，特别是明思宗崇祯年间（1628—1644），各类服饰流行疏朗素雅的风格，补子也不例外，云纹成了稀疏的点缀，甚至连原来常见的一对禽鸟也变成了站在江崖海水之上的单只，这也启发了清代补子的风格。

① ② ③ ④

▲ 明代补子风格的演进
① 江苏南京博物院藏明《沈度画像》中的仙鹤补子局部
② 福建福州明代尚书马森墓出土织锦如意云纹仙鹤补线图
③ 美国普林斯顿大学艺术博物馆藏明晚期一品文官画像上的仙鹤补子局部
④ 孔府旧藏明代红色圆领袍上的仙鹤补子

　　除了常见的飞禽走兽，还有一些特殊图案的补子。从不常见的动物来看，主要有以下三种：

　　第一是獬豸补，和前文朝服部分谈及的情况一样，这种只有一只角的神兽是御史的身份象征。

　　第二种是麒麟补，为公、侯所穿用，另外也会被皇帝赐给欣赏之人。而明代的麒麟，除了传统"首似龙，形比鹿，足如马，尾若牛尾"的形象，还受到明成祖永乐年间（1403—1424）与南洋、西洋交往的影响，产生了按照榜葛剌国（今孟加拉国所在地区）进贡的长颈鹿的样子制作的麒麟补。

　　另外，在明代还有一系列长得像龙的动物出现在补子上，如蟒、飞鱼、斗牛等，它们和上文中的麒麟同属于"赐服"这一范畴。

◄ 明代都察院右金都御史、宁夏巡抚黄嘉善画像上的獬豸补局部

▲ 明代麒麟补
① 中国丝绸博物馆藏明代麒麟纹补子局部
② 江苏南京明代徐傅夫妇墓出土麒麟纹补子线图

▲ 台北"故宫博物院"藏明沈度《瑞应麒麟图》中永乐年间的"麒麟"（长颈鹿）形象

◀ 蟒、飞鱼、斗牛补子

3. 赐服：似龙非龙，逐渐滥用

赐服，顾名思义，是皇帝赏赐给大臣的衣服，突出的是动作行为而非某一种具体款式形制。明代赐服有两种，一种是低品级但被获准使用更高品级的纹样图案或服装配饰，这是一种有着古老传统的赐服逻辑，我们在第二章介绍的唐代"赐紫金鱼袋"就是如此。在明代，这种情况也有出现，如明初著名书法家沈度，其墓志铭中就特别指出"上嘉其清勤，赐二品袍服、象笏"。

另一种从明代开始广为流行的赐服逻辑，则是以一些特定的虚构动物作为纹饰象征，来凸显穿着之人身份的尊贵，这些动物包括前面介绍的蟒、飞鱼、斗牛和麒麟，而带有这些图案的服装，就会被称为蟒服、飞鱼服、斗牛服和麒麟服。

蟒服，在明代人的赐服概念中属于最尊贵的，《明史·舆服志》中就说"赐蟒，文武一品官所不易得也。单蟒面皆斜向，坐蟒则面正向，尤贵"。蟒，按照古人的解释是"蛇最大者"。常有说法认为明清时期以"五爪为龙、四爪为蟒"作为图案区分，这样的说法大体是可以的，但还是需要仔细辨析一下。

如第三章所述，"五爪为龙"的概念是在清代形成的，而在宋元时期还常有三爪龙的情况，明代初期也有四爪和五爪之龙，后来蟒等于四爪龙的形象才逐渐固定下来。《明太祖实录》中，赐服还被称为"龙衣"，并无"蟒"这一名称的使用，到了明成祖永乐十五年（1417），才出现了"苏禄国……赐……金绣蟒龙衣、麒麟衣各一袭"的蟒龙的说法，此后蟒的称呼使用得越来越多，直到明世宗嘉靖年间，"蟒龙衣"的提法不再使用，只称作蟒衣、蟒服了。

因为蟒服的等级尊贵，所以在明初时赐蟒服是有严格限制的，明宪宗成化元年（1465），泰宁卫都督刘玉、兀喃帖木儿向皇帝祈求开启互市并赐给蟒服，明宪宗宁可答应互市的请求，也要表示"蟒衣勿与"。蟒服使用范围的扩大化发生在明孝宗弘治年间（1488—1505），明孝宗因为久病转好，内阁刘健、李东阳、谢迁三人"俱拜大红蟒袍之赐"，这是内阁获赐蟒衣惯例的开始。

▶ 明沈俊《明功臣及皇帝像》中的刘健画像，身着蟒袍

而明武宗正德年间，对蟒服的滥赐更多，以至于明世宗登基后，花了很大力气对蟒服进行了整顿。《明史·舆服志》中记载，明世宗嘉靖十六年（1537），皇帝隐约看见身为二品官的兵部尚书张瓒穿蟒袍，对此感到震怒，内阁首辅夏言连忙打圆场说这是"钦赐飞鱼服"，只是长得像蟒，嘉靖帝十分较真地表示："飞鱼何组两角？"无论是采用长得像蟒的飞鱼服，还是直接使用蟒服，从这个例子中已经能够看出当时人在以蟒袍为贵的刺激下的僭越尝试。此事后礼部就颁布了新规定，"文武官不许擅用蟒衣、飞鱼、斗牛、违禁华异服色"。

嘉靖后期开始，随着皇帝不大理朝，禁令越发松弛，到明神宗万历年间尤甚，民间大量开始使用蟒袍。《万历野获编》中说不少平民用钱纳个外卫指挥的空衔，就敢穿着蟒衣，这种情况在明兰陵笑笑生《金瓶梅》中西门庆的行为上也能得到验证。明末史玄撰写的《旧京遗事》，也记录当时民间："或有吉庆之会，妇人乘坐大轿，穿服大红蟒衣，意气奢溢。"

► 明朝开国名将常遇春像，身着还保留着元代龙的特征的龙衣

◄ 山东博物馆藏明《邢玠像》，服饰为明神宗万历年间的蟒袍风格

如前所述，蟒服是指有蟒纹的衣服，所以除了在常服上使用蟒纹补子，明代还延续了第三章中金、元人喜欢在胸、背、肩、袖、膝上装饰金襕的服饰审美，发展出来云肩、通袖、膝襕装饰蟒纹样的常服形式，如上面常遇春、邢玠画像都是如此。这种装饰方式，也被用于曳撒等其他形式的服装上，此内容将在下一节中介绍。

除了蟒服，飞鱼服、斗牛服和本来属于公、侯所穿用、后来进入赐服体系的麒麟服都是类似的逻辑。飞鱼纹是从印度的摩羯纹演化而来，在明代似龙而有翅膀、尾部为鱼尾。《山海经》描述飞鱼"服之不畏雷，可以御兵"，于是有飞鱼纹的服饰成了明代锦衣卫象征的锦衣服饰。《明史·职官志》载："锦衣卫，掌侍卫、缉捕、刑狱之事，恒以勋戚都督领之，恩荫寄禄无常员……服飞鱼服，佩绣春刀，侍左右。"
斗牛服的地位较飞鱼服低了一个等级，斗牛原指天上的斗宿与牛宿，进而被想象成
一种双角像牛角一样向下弯曲的似龙的形象。

　　明代的赐服常常是赐给布料，个人回家自行制作。明武宗正德元年（1506），
尚衣监表示由于皇帝不断封赏，内库所存各类高级纹样织物都已用尽，"内库所贮
诸色纻丝、纱罗、织金、闪色、蟒龙、斗牛、飞鱼、麒麟、狮子、通袖膝襕并胸背
斗牛、飞仙、天鹿，俱天顺间所织，钦赏已尽"，因此请求依式织造，于是武宗又
批准织造了一万七千余匹布。这种赐下的布料在官员家中会有囤积，于是就能看到
在清初不少服饰中，还保留着明代袍料的痕迹，这一现象因为蟒服在清代常规上并
不使用袖襕而格外明显。

◀ 使用几乎是同一款蟒纹袍料的明清服饰
① 明六十一代衍圣公孔弘绪像
② 清六十五代衍圣公孔胤植像

▲ 中国丝绸博物馆藏清初使用明代蟒纹袍料制作的朝袍

▶ 新疆喀什博物馆藏使用明代蟒纹袍料制作的对襟袷袢

4. 服饰和乌纱帽的时代变化

和补子一样，明代常服圆领袍和与之搭配的乌纱帽随着时代流行也发生过不少变化。

在服饰方面，总体而言明代的服饰经历了从明初的"衣冠如唐制"到发展出属于自身特色的变化，常服也从窄袖、两侧开衩的圆领袍变为宽袍大袖且有后摆的圆领袍。

具体而言，首先常服的整体轮廓发生了变化。从当时的图像和服饰实物可知，从明初到大约明武宗正德初年时，明代的圆领袍呈现出下摆越来越膨大的审美趋势，甚至在最夸张的明宪宗成化年间（1465—1487）和明孝宗弘治年间，人们为了使服饰下摆能够膨起，在衣下穿超过一层的马尾衬服。《万历野获编》中说马尾裙"不知所起，独盛行于成化年间，云来自朝鲜国。其始阁臣万安服之，既而六卿张悦辈俱效之"，甚至礼部尚书周洪谟"至重服二腰，尤为怪事"。朝鲜也报告为明朝养的军马也因为马尾被薅走做衬服而"受惊掉膘"。物极必反，从明世宗嘉靖年间开始，服饰从下摆的极度膨大逐渐恢复正常锥度，并在明晚期从外侈的 A 形整体轮廓发展成平直的 H 形轮廓。

其次常服的袖子也经历了从窄到宽的变化。明初的袖子基本上是窄小的弓袋袖风格，到中期发展成越来越宽博的琵琶袖，到了晚明，袖子下侧靠近袖口部分的弧度逐渐消失，变为大袖。

"摆"（衣服下幅）的演化则是过去对明代服饰关注不多但极为重要的部分。明初的服饰，虽然号称如唐制，但其实随着服饰功能的演进发展，此时的服饰更接近元代那种下摆两侧开衩并有打褶的袍服的款式。这种开衩并打褶的存在，其实也是出于兼顾活动便利性和遮挡严密性的考虑。随着下摆膨大审美取向的流行，内侧打褶逐渐突出，发展出了向两侧支出的外摆结构，这种外摆，实际上仍是一种特殊的打褶结构。侧摆在明世宗嘉靖初年从向两侧支出逐渐发展为向身后支出的后摆，这一改变可能是受到越来越宽的侧摆并不利于活动，而突出的外摆受自身重力和衣服锥度影响会自发向后倾斜的启示；另一方面也可能是这一时期的明代越来越重视礼制，而后摆比起侧摆的包裹性更严密的审美结果。后摆在嘉靖到万历年间，逐渐失去了打褶的实际结构意义，退化为在身后的额外两片布料，也因此后摆的上缘起始位置越来越高并逐渐突破腰际上移，发展成明末那种极为高耸的尖摆，也称朝天摆。

读者可以结合下面不同时期的画像和出土实物理解这种演变趋势（这里仅列出画像人物或者墓主卒年或入葬时间以供参考，提醒读者注意，画像的绘制年份有可能早于或晚于卒年，或经过后世修改，服饰实物的制作年份有可能早于卒年）。

▲ 明初服饰，衣摆为两侧开衩、内打褶；袖子紧窄；乌纱帽帽山呈弧形且前倾，帽翅经历了从仿唐代幞头巾角的下垂式到逐渐升起呈水平状态的过程；腰带也为十分合体的实束

① 土耳其托普卡帕皇宫博物馆藏明成祖永乐十八年（1420）左右《武官牵马图》局部
② 美国耶鲁大学美术馆藏明初《文官行乐图》局部
③ 中央美院美术馆藏明仁宗洪熙元年（1425）《黄侯坐像》局部

▲ 明中前期服饰，袖子开始变宽，逐渐呈现出琵琶形并延续到下一时期；衣服下摆开始膨大，并逐渐从内打褶发展出向两侧支出的外摆结构；乌纱帽帽山变高，帽翅已经完全呈水平状态，并且由窄变宽，一度发展出接近团形的样式

① 北京故宫博物院藏明孝宗弘治十二年（1499）《竹园寿集图》局部
② 北京故宫博物院藏明孝宗弘治十六年（1503）左右《五同会图》局部
③ 北京故宫博物院藏明孝宗弘治十六年（1503）《十同年图》局部

▲ 明中晚期服饰，延续上一阶段的琵琶形袖子且宽度继续增加（嘉靖年间短暂流行过非常宽大的袖子，此后有所收敛）；这一时期的外摆逐渐从两侧向身后发展形成后摆，并且后摆高度逐渐增高；这一时期服饰最突出的特征是高乌纱帽，其高度在万历年间达到顶峰，帽山仿照幞头的弧形特征逐渐消失而变得平直
①《杨良臣坐像》，杨良臣卒于明世宗嘉靖七年（1528）
②《明代官员坐像》，绘于明世宗嘉靖四十四年（1565）
③《范钦坐像》，范钦卒于明神宗万历十三年（1585）

▲ 明代末期，大袖取代琵琶袖成为主流；衣摆在身后变为失去实际作用的退化的两片式尖摆，由于内搭服饰的变化（这一点在下一节中会详细介绍），整体着装轮廓从此前的 A 形变为 H 形；乌纱帽由上一阶段的极高样式变矮、变方，帽翅也由圆变方；腰带虚束，因受到配重影响，官员经常会将前段提至胸前位置
① 江苏南京博物院藏《徐如珂坐像》，徐如珂卒于明熹宗天启六年（1626）
② 山东省青州博物馆藏《赵秉忠坐像》，赵秉忠卒于明熹宗天启六年（1626），但从此补子的风格来看，画像更有可能是明思宗崇祯三年（1630）追复原官、赠太子太保、赐祭葬之后绘制，有比较明显的崇祯一朝的风格
③ 山西晋城阳城县文物博物馆藏《张慎言坐像》，张慎言卒于明安宗弘光元年（1645）

▲ 从实物平铺图感受明代圆领袍服的轮廓变化
① 山东济宁明鲁荒王墓出土妆金四团龙纹缎袍，鲁荒王朱檀卒于明太祖洪武二十二年（1389）
② 浙江桐乡濮院杨家桥明墓出土四合如意云纹缎獬豸补圆领袍，墓主约卒于明英宗天顺五年（1461）（图片来源：大明风物志）
③ 江苏南京明徐俌墓出土素缎麒麟补服，徐俌卒于明武宗正德十二年（1517）
④ 宁夏盐池冯记圈明墓2号墓出土杂宝云纹绫织金麒麟胸背圆领袍，墓主卒于明世宗嘉靖三十三年（1554）
⑤ 日本京都妙法院三十三间堂藏明万历帝赐日本政治家丰臣秀吉的常服麒麟圆领袍，明神宗万历二十三年（1595）
⑥ 北京明定陵出土缂丝十二章纹衮服，墓主明神宗卒于明神宗万历四十八年（1620）
⑦ 孔府旧藏明大红云鹤补红罗袍示意图，明思宗崇祯年间（1628—1644）

　　同样地，明代官员着常服时头戴乌纱帽的造型也有所演进，主要表现在帽山和帽翅上。虽然明初的乌纱帽也是仿照唐代幞头的思路设计的，但是经过五代到宋的便捷化演进，明代乌纱帽已经是一种帽子而非需要自行整理的头巾了。明初的乌纱帽，还有着明显的半圆形轮廓，这是仿照幞头衬在巾子上的效果；帽翅也是狭长、下垂的样式，这是仿照巾脚的效果。明中期一方面后山逐渐增高，这种增高在明神宗万历后期达到极值；另一方面帽翅也经历了从下垂到平直、从狭长到椭圆的变化。万历时期开始，后山摆脱了幞头的效果，外轮廓拐角明显，帽体由圆形逐渐变方。到了明末，乌纱帽已经十分方正，帽翅也变成了圆角方形。读者可以结合前文的肖像画以及下面的实物图来辅助理解。

► 还保留着"幞头"原型的乌纱帽
① 上海大兴县丞明韩思聪墓出土纱帽，韩思聪卒于明宪宗成化十二年（1476）
② 江苏常州武进明王洛家族墓出土乌纱帽，王洛卒于明武宗正德七年（1512）

▲ 逐渐演化的乌纱帽
① 上海明潘允徵墓出土乌纱帽，潘允徵卒于明神宗万历十七年（1589）
② 明万历皇帝赐日本战国武将上杉景胜的乌纱帽，明神宗万历二十三年（1595）
③ 孔府旧藏乌纱帽，明末

5. 腰带的要求和变化

腰带是和补子搭配的另一个显示等级的物件，按照《明史·舆服制》记载："其带，一品玉，二品花犀，三品金钑花，四品素金，五品银钑花，六品、七品素银，八品、九品乌角。"既然腰带可表示品级，和补子僭越的风气一样，明代人也喜欢僭越使用玉带，在颇为介意此事的嘉靖帝那里，也颁布了"冒滥玉带……皆庶官杂流并各处将领夤缘奏乞，今俱不许"的禁令。

一套完整的明代腰带由带鞓和 20 枚带銙组成，逐渐由实际的扎束作用，演变为越来越虚缀在腰间，需要用手托扶。也因此，明中后期有了轻量化的考虑，明末清初王夫之《识小录》就记录了晚明流行的带銙材质有轻便的伽南、水沉、斑竹皮、玳瑁等。

► 浙江博物馆藏明王士琦墓出土金獬豸带板，是一套完整的明代带銙组合

◄ 明代官员画像上玳瑁材质的带銙

► 宁夏盐池冯记圈明墓出土铜包木带銙

6. 穿靴的要求

在明代，着常服需要搭配靴子。明代可以穿靴的人意味着具有一定的身份地位，早期还有针对平民和身份低贱者的靴禁。明弘治至正德年间，官员、书法家吴宽为大臣王英所写的墓表中就提到，"（王英）尝微服入吴市门，时适有靴禁，门者执公为庶民，宜有罚。公笑曰：'吾官人也'，门者不信。取冠服示之，始释其缚，公亦不怒。"王英因着便服但是忘记换下靴子而被捉拿纠察，不得不证明自己实际有官身才被释放。

▲ 江苏泰州市博物馆藏明徐蕃夫妇墓出土白布底黑缎官靴

（二）公服

我们在第三章中介绍过公服是"公事之服"，但在常服更为通用的明代，使用场合不多，只在每月初一、十五朝会和个别礼仪场合使用。明代公服沿用了宋元时期袖宽三尺的大袖圆领袍搭配展脚幞头的风格，以服色区别等级：一品至四品穿红袍，五品至七品穿青袍，八品、九品及以下不入流官穿绿袍。腰带也和双铊尾常服腰带不同，是宋代那种单铊尾腰带的延续，亦有等级区分：一品玉，或花或素；二品犀；三品、四品金荔枝；五品以下乌角。

比起宋代公服，明代公服也有自己的一些特色。一是明代公服继承了辽金服饰纹样的等级差异，区别于素面的宋代公服，规定"一品，大独科花，径五寸；二品，小独科花，径三寸；三品，散答花，无枝叶，径二寸；四品、五品，小碎花纹，径一寸五分；六品、七品，小杂花，径一寸；八品以下，无纹"。二是明代公服受到元代影响，舍弃了下接横襕的处理方式，并且逐渐并轨融合了常服的摆的发展风格。三是明代展脚幞头的展脚并不像宋代那样完全平直，而是略有弧度、弯曲上翘。

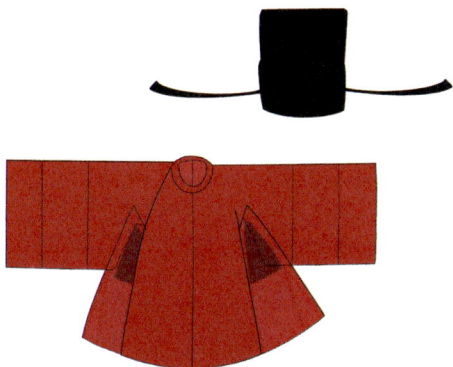

▲ 山东曲阜孔子博物馆藏明代展脚幞头和红色圆领公服示意图

▶ 山东青岛即墨区博物馆藏明《御史奉敕图》局部，画中人头戴展脚幞头，身穿青袍，双手持笏

三、设计师皇帝的忠静冠服

（一）嘉靖帝的设计

明代前期的官员在着便服时，往往都是穿曳撒，嘉靖帝觉得此事不雅，于是就参考古制玄端重新设计了一身服饰，"取其玄邃、方正之义"，希望群臣辑名见义，观制思德，取名为忠静冠服。参与设计的内阁首辅张璁对此解释说，"朱子曰'尽己为忠'，周子曰'无欲故静'"，因此虽然这身衣服有时根据民间俗称写作忠靖冠服，但其标准写法还应当作"忠静"二字。

按照最初忠静冠服的规定，忠静冠顶呈方形，中部微凸，中间有三梁，后有两山。以四品为界，以上等级的官员，三梁及边缘各压以金线，四品以下不用金线，饰以浅色丝线。

不过因为是燕居，所以这些限制和规矩也很快被明中晚期崇尚僭越风气、喜好争奇斗艳的人们打破：梁的数量由初创期的三梁逐渐增多，江苏苏州虎丘明王锡爵墓中出土以及山东曲阜孔府旧藏的忠静冠实物都远超三梁，《三才图会》中已经把它同梁冠的品级等同起来了，认为梁的数量越多，品级越高。另外，虽然按照规定忠静冠用乌纱制作，但是如王锡爵墓中出土所见，亦有使用漳绒制成的。

| 前 | 后 | 左 | 右 |

▲ 《大明会典》中绘制的忠静冠

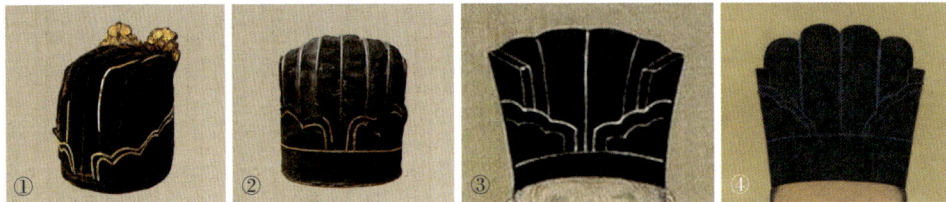

▲ 用金线或浅色丝线装饰的忠静冠
① ② 江苏苏州明王锡爵墓出土和山东曲阜孔府旧藏忠静冠（图片来源：大明风物志），边缘为金线
③ ④ 明代画像上饰有浅色丝线的忠静冠

最初对忠静服颜色的规定是深青，在形制上仿照古玄端使用宽袍和敞口大袖，三品及以上可施以云纹，四品及以下为素色，边缘用蓝青，前后缀符合品官身份等级的花样补子。忠静服内搭玉色深衣，外面的腰带是与朝服款式相同的"古大夫带制"，表为青色，边缘及带里用绿色。脚穿白袜青履。

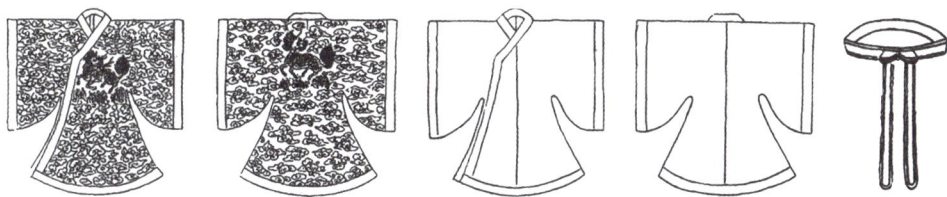

| 用云前图 | 用云后图 | 用素前图 | 用素后图 | 素带图 |

▲ 《大明会典》中绘制的忠静服和腰带（三品及以上可施以云纹，四品及以下为素色）

如右图中《北泉忠静冠服像》上的河南道监察御史蓝田形象，很严谨地保留了明嘉靖年间四品以下忠静冠服制度的着装要求，冠为三梁、装饰浅色丝线，衣素青色有边缘，袖为不收袪的敞口大袖，使用代表御史的獬豸补子，虽然坐姿看不清鞋子细节，但从画师甚至画出了虎皮之上青色大带背面的绿色细节来看，蓝田应当是遵照规定着白袜青履的。

▶ 山东青岛即墨区博物馆藏明《北泉忠静冠服像》，像主蓝田，号北泉，官至河南道监察御史，卒于明世宗嘉靖三十四年（1555）

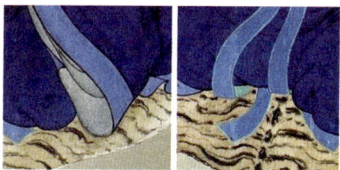

（二） 忠静冠服后期的演化

然而，这身衣服也同上述的众多衣服一样，逃不过明人根据着装的简便化趋势、审美潮流和僭越风气的"魔改"。

先看简便化趋势方面，即使是上文中蓝田的服饰，也有一处是不同于《大明会典》要求的，他的大带并不是使用丝绦系紧，而是使用扣子简便化地系在身上，这在明沈俊《陆文定人物画册》上同样可见，可以清晰地看到手旁的扣子。明朝人甚至可能会简化到直接把大带缝在衣服上做成假样子的程度。但需要提醒读者注意的是，目前此情况仅见于明《东阁衣冠年谱画册》，这种简化做法也存在后世修复补绘中进行了错误改动的可能性。

▶ 美国普林斯顿大学艺术博物馆藏明沈俊《陆文定人物画册》局部，画中人物所着履并非忠静服制所要求的青色素履，而是在一些明代官员朝服、便服画像中常见的绿缘红色云头履，画中亦可见简化的不使用丝绦的大带

▲ 明《东阁衣冠年谱画册》中直接缝在蔽膝上的大带

在审美方面，同穿着朝服不喜欢搭配青履一样，明代官员着忠静冠服时，也经常喜欢搭配当时流行的红鞋，这在《陆文定人物画册》和下面两张人物容像中可见。

▲ 搭配红鞋穿着的忠静冠服
① 安徽博物院藏明《洪洹容像》
② 江苏南京博物院藏明徐璋《松江邦彦画像之林景旸像》

在僭越风气上，一方面官员们会以增添乌纱帽梁的数量、四品以下改用金线和在袍服增加云纹的方式提升等级，比如下页图①这位身着白鹇补子的五品文官，就使用了金线和云纹。另一方面，当时民间也会仿照忠静冠服制作类似的巾服，"凌

云巾"就是其中一例。《明
实录》中记录明世宗嘉靖
二十二年（1543），有小
报告说民间效仿"制为凌云
等巾，竞相驰逐"，这种行
为"有乖礼制，诏中外所司
禁之"，图②这位像主，头
戴的就是仿制的凌云巾。

▲ 明王圻、王思义《三才图会》中
的（凌）云巾样式

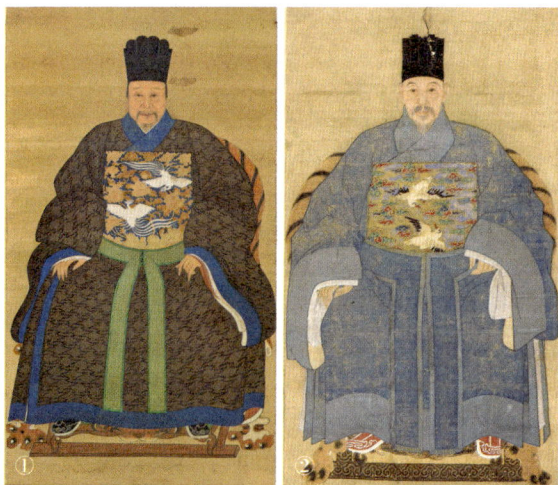

▲ 忠静冠服的僭越情况
① 北京故宫博物院藏明人画柳氏男像，冠服使用了高等级的金
线和云纹
② 来源佚，画中人物使用了仿制的凌云巾

　　此外，这一时期还流行加补子和大带的道袍，这也是对忠静服款式的模仿。一
方面，这同民间的僭越风气有关。如上文"忠静冠服的僭越情况"图②这位像主，
仔细看衣服下摆开衩的情况，他身着的未必是一件忠静服。明李乐《见闻杂记》中
说"嘉靖末年以至隆、万两朝，深衣大带，忠静、进士等冠，唯意制用"，这一时
期的服饰开始发生大量的异化和融合的现象。另一方面，也存在官员将这类道袍作
为简化版忠静服使用的情形。关于这类道袍，我们在后文中介绍士庶服饰时，还会
再提及。

◀ 可能是一件作为简化版忠静服
的道袍服饰
贵州铜仁明曾彩凤墓出土交领补
服，曾彩凤卒于明熹宗天启六年
（1626）

明代士庶服饰

人物头戴大帽，上有玉帽顶和
染蓝白羽作为装饰，大帽有帽珠；
内着蓝色贴里，外着明初两侧为
内摆的香色曳撒，上有白色护
领；腰系绦带，其上装有事件；
着靴。

▶ 着曳撒、戴大帽的明初人物形象
参考山东济宁明鲁荒王墓出土实物、明
《宪宗调禽图》以及各类明前期画像综
合绘制

人物头戴唐巾；外着粉
色小袖道袍，上有白色
护领；着如意云头红履；
手持明中晚期才开始广
泛流行的折扇。

▶ 着道袍、戴唐巾的明中后
期人物形象
参考江苏无锡"明故煦菴周
处士"浇浆墓、江苏苏州明
王锡爵墓出土实物以及各类
明中后期画像综合绘制

前面介绍了"大明公务员着装要求规范",下面来看明代士庶阶层所穿的日常服饰。士庶,在这一节中是士大夫和普通百姓的统称,士庶服饰也可以包括王公皇族们非正式场合的穿着。在明代,衣服的区别更多表现在某些特定颜色和纹样的限制上,而在款式上是一样的。

提起明代衣服款式,也许读者会想到一些常见的词:圆领、搭护、曳撒、道袍、披风、深衣……关于明代的首服,或许会想到乌纱帽、网巾、四方平定巾、六合一统帽等等。那么这些冠、服如何搭配,它们之间又有什么关系和发展逻辑呢?

明朝近三百年间服饰风格发生了巨大的变化,提起明代士庶服饰,可能读者会想到那种宽袍大袖的风雅形象,其实明代服装并非一直如此。正如上一节官员服饰中展现出的那样,明代男装常见款式的流行,大致也可以以明世宗嘉靖年间为分界线,此前既延续一定的宋元风格,又加之以明初恢复的唐代风尚,此后则越发复古起来,而在这种复古之中,又融合着明代经济文化发展和社会风气宽松所带来的新奇风格。

因为承续了庞杂的历史,又加之明代自身的发展,明代服饰的名称和款式总是以相近相似而又混乱为著称,总是让初次了解的读者晕头转向。所以本节将这些相似的衣服放在一起介绍,带领读者了解其中的不同。与此同时,按照时间顺序展示这些衣服的出现及演进过程,有一些衣服随着时代发展出现或淡出日用舞台,而另一些衣服则贯穿始终,但是款式发生了很大变化。

一、明初至明中期出现的士庶服饰

前期的明代服装,还是曳撒和各类帽子占据主导,明尹直在《謇斋琐缀录》中讲,明成化帝在宫中的穿戴"青花纻丝窄襜大帽、大红织金龙纱曳散、宝装钩绦"。而明弘治帝在做太子读书时,在穿着正式的翼善冠、圆领袍之余,也会穿着曳撒。甚至到了明嘉靖七年(1528),嘉靖皇帝还与阁臣张璁吐槽朝臣"燕服不过爪拉、曳撒、绦环而已",即使是皇家和大臣们,平日无非就是头戴圆帽(即明刘若愚《酌中志》中提到的爪拉帽)、身着曳撒、腰系绦环。《宪宗调禽图》中,成化皇帝和身边内侍的穿着,就很好地展示了这一情形。

▶ 明《宪宗调禽图》中着曳撒、戴帽的成化皇帝和内侍

（一）曳撒和贴里

1. 作为外穿的曳撒

曳撒，按照《酌中志》给出的定义，"其制后襟不断，而两旁有摆，前襟两截，而下有马面褶，往两旁起"，可见这是一种后背通裁、前面断裁且打褶、两侧出摆的衣服。它的名字，今日的标准写法应当为襅襂，读 yì sǎn，不过在明代也常写作曳撒、一散、一撒等。

▲ 明初启蒙识字读本《魁本对相四言杂字》中的"一撒"插图

曳撒的名字如此之多、读音如此之怪，是因为它是发展自元代的服饰。在上一章中，我们讲述了元代人所穿的质孙服要求同种颜色，而明代人所用曳撒的称呼大概是"一色（yī shǎi）"的变音。在河北承德隆化元末鸽子洞窖藏服饰之中，元代的服饰就已经有了曳撒这种形制。不过比起第三章中提及的曾在今蒙古国地区广泛流行的断腰袍而言，曳撒这种后背通裁、前面断裁且打褶的服饰目前仅在中国见到，或许这是一种在我国本土独立演变出来的形制。

▲ 北承德隆化鸽子洞窖藏服饰中的元代曳撒正、背面

▲ 江苏南京邓府山明王志远墓出土明孝宗弘治二年（1489）四合如意云纹缎曳撒

▲ 江苏苏州天平山明范惟一墓出土明神宗万历十二年（1584）云肩通袖膝襕孔雀纹曳撒

2. 作为内搭的贴里

容易与曳撒混淆的一类衣服，通常被叫作"贴里"。贴里是上下断裁、下摆打褶的袍服。在明代，大多数情况是作为里衣穿在袍服内，使袍服下摆能够被撑起，这看似是一个依照其功能而命名的衣服，然而这个词实际上来自蒙语 terlig。

《酌中志》中称贴里"其制如外廷之襈褶"，又说衬褶袍"顺褶，如贴里之制。而褶之上不穿细纹，俗为'马牙褶'，如外廷之褶也。间有缀本等补。世人所穿襈子，如女裙之制者，神庙亦间尚之，曰衬褶袍。想即古人下裳之义也"。这两部分文字中，虽然贴里和衬褶袍被分开表述，但实际上它们都是贴里形制下有细微区别的服饰，表现在下摆处不同的打褶方式。

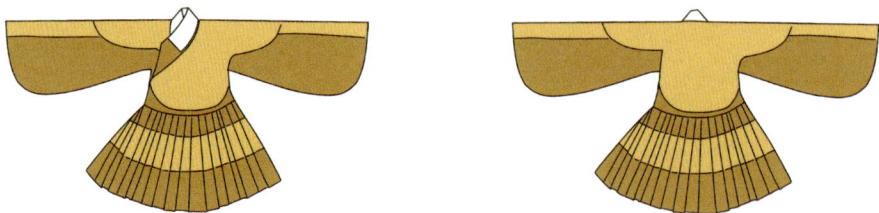

▲ 孔府旧藏香色麻飞鱼贴里的正面和背面示意图，可以看到这件贴里的下摆周身打褶，与曳撒不同

▲ 北京明定陵出土 W55 织金妆花缎衬褶袍复制品

▲ 江苏无锡七房桥明墓出土棉布贴里及其局部，可以看到这件贴里上细密的小褶同上两件的差异

总结来说，曳撒和贴里的区别，在形制上，曳撒后身是通裁且一般有"摆"这一结构，而贴里则为前后断裁；从穿着使用层次来说，曳撒是外袍，而贴里在明代通常作为内穿使用。

曳撒和贴里相似，其实是因为它们都源自第三章中介绍的元代的断腰袍服。在明代早期，还能够看到和元代腰线袍相近的断腰袍。在明洪武皇帝的第十子鲁荒王朱檀墓中，就出土了一件织金盘龙纹黄缎袍，这件衣服与元代的辫线袍和腰线袍十分相似，只是辫线数量减少，可见明代对于辫线那种在骑马时稳定内脏的功能性作用的需求逐步降低了。

▲ 山东济宁明鲁荒王朱檀墓出土织金盘龙纹黄缎袍

▲ 中国丝绸博物馆藏腰线袍

3. 断腰袍服在元明之间的延续和明代的发展

说到明初的辫线袍，就不得不探讨一下明太祖朱元璋试图排除元代文化影响这件事情。明中叶的魏校评价说"我太祖再造华夏"，此言非虚。朱元璋登基之时，中国面临着从两宋开始的长期的南北分裂局面，北方长期在辽金的影响下，随后全国又在元代的影响下，不少地方流行着"辫发、椎髻、胡服、胡语、胡姓"的习俗。

明太祖洪武元年（1368）二月，朱元璋就考虑废止元代通行的服饰，"诏衣冠如唐制"，但质孙服却被保留在服饰制度之中，并逐渐通过发展、融合，成为明代的流行与代表服饰。洪武二年（1369）规定"校尉执仗亦依元制"，这一仪仗性质的服饰之中就包括"衣胸背鹰鹞，花腰，线袄"一项。也就是说，虽然这些衣服有着很浓郁的蒙古族风格，但从戎服、礼仪制服的角度，延续进了明代生活，并没有被废除。

对于曳撒，从文字记录来看，使用范围的扩大是从明成祖永乐年间开始的。《明史·舆服志》记载："永乐以后，宦官在帝左右，必蟒服，制如曳撒，绣蟒于左右，系以鸾带，此燕闲之服也。次则飞鱼，唯入侍用之。贵而用事者，赐蟒……又有膝襕者，亦如曳撒，上有蟒补，当膝处横织细云蟒，盖南郊及山陵扈从，便于乘马也。或召对燕见，君臣皆不用袍而用此；第蟒有五爪、四爪之分，襕有红、黄之别耳。"此后，曳撒成为内侍、校尉、文官武将、皇亲国戚乃至帝王在骑行、游玩、宴飨、礼乐等场合穿着的重要服饰。从明宣德帝、成化帝的《行乐图》来看，皇帝和身边内侍均是如此着装，只是服饰的颜色和头上所戴的冠帽略有差异。

▲　着曳撒的明代皇帝以及内侍
① 台北"故宫博物院"藏《明宣宗马上像》局部
②《明宪宗四季赏玩图》、《明宣宗宫中行乐图》（注：此图画主实为明宪宗）、《明宪宗元宵行乐图》局部

　　到了明中后期，曳撒的流行从宫廷扩散到了士庶阶层。这个时期的服饰版型和同期其他服饰一样发生了两个变化：一是袖子逐渐从窄袖、弓袋袖向琵琶袖、大袖发展；二是下摆经历了明成化到正德年间那种极为夸张的"蓬蓬裙"之后逐渐回归了常态。曳撒的流行可见于多个文献记载，如明顾起元《客座赘语·南都诸医》记录明正德、嘉靖年间"南都在正嘉间医多名家……常服青布曳撒，系小皂绦顶圆帽，着白皮靴"。明王世贞《觚不觚录》记录明嘉靖到万历年间"士大夫晏会，必衣曳撒。是以戎服为盛，而雅服为轻"。明末清初史学家、文学家查继佐《罪惟录》也同样说"隆庆初……士大夫忽以曳撒为夸，争相制用"。

　　这样的风气在这一时期的肖像画中亦可见到，下面四幅明中晚期的画像上，有一定身份的官员均穿着有品级纹饰的曳撒并搭配乌纱帽。在③④两幅图中，可以看到官员身上的腰带不再是以前官员或成化皇帝身上所系的丝绦与带钩，而是一种花哨的宽织物，被称为"鸾带"。

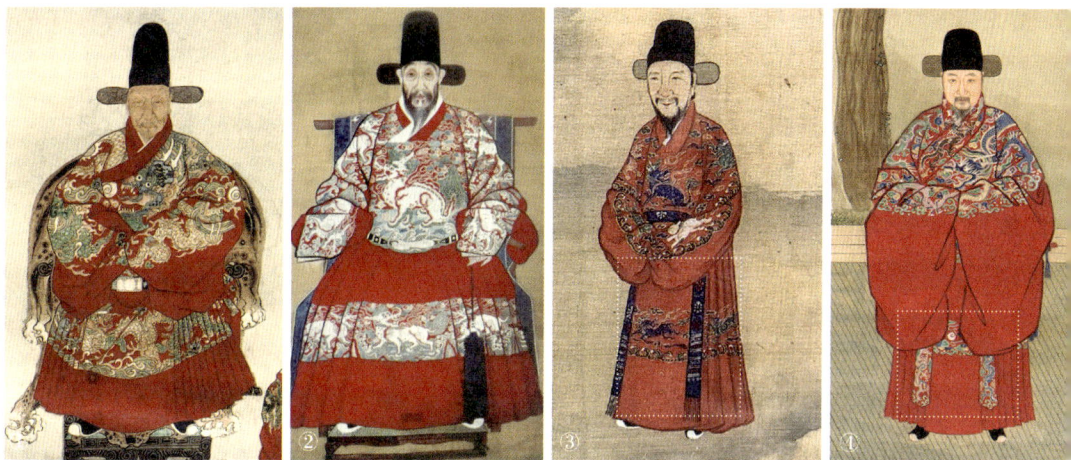

▲ 着有品级纹饰的曳撒并搭配乌纱帽的明中晚期官员像
① 《李春芳父母八十同庚双寿图》局部
② 河北张家口蔚县博物馆藏明人绘《郝杰画像》
③ 明《东阁衣冠年谱画册》局部
④ 山东博物馆藏《张应召绘黄培画像》局部

4.贴里在明代的特殊潮流

如前文所说,贴里的使用大部分时候是作为衬在内部的支撑,构成"贴里、搭护、袍服"三件套。但也有例外,明代内侍可以将缀补的红色、青色贴里作为外穿的衣服,百姓有时也会外穿贴里。从图像和出土实物来看,有明一代贴里的腰线有着不同时期潮流的变化,明成化帝以后的一段时间,贴里腰线极低,下列画像实物即展现出这种形象。

▲ 江苏泰州市博物馆藏明胡玉墓出土低腰线的贴里

▲ ① 明版《清明上河图》中着低腰线贴里的人物形象
② 明《松下高士图》中着低腰线贴里的人物形象

（二）搭护和罩甲

1. 交领的搭护

　　和贴里搭配组成明代男装体系的是搭护，搭护通常是一种交领右衽、上下通裁的短袖服装，两侧也都有摆。搭护也是延续自宋元的服饰，在明朝，搭护也会穿在圆领袍服之下，如下面的肖像画中，可以看到图①中的明永乐皇帝在蓝色贴里外着红色搭护，这一颜色在其领口和侧摆处均可见到，而袖口处因为搭护是半袖的而不能得见；同样地，在图②沈度的画像中，可以看到下摆处露出的绿色搭护。有明一代，绿色与蓝色是官员补服圆领袍内最常见的搭护颜色。虽然领子颜色为白色，但这并不是搭护内的白色贴里的领子，而是在绿色搭护上增加了白色护领的缘故（有关护领，将在下文道袍处讨论）。

◄　圆领袍内的搭护
① 台北"故宫博物院"藏《明成祖坐像》局部
② 江苏南京博物院藏明《沈度独引友鹤图》局部

　　从目前出土的明初到万历时期的文物来看，搭护形制逐渐从合身变得宽松，半袖的袖根和袖子也越来越肥大，摆的形状则随着整个明代外摆的变化趋势从内摆支出为外摆。但是发展到晚明时期，搭护的使用略有减少，常被同样有出摆的直身代替（有关直身的内容，会在下文中介绍）。

▲　明初启蒙识字读本《魁本对相四言杂字》中绘制的搭护
►　明人偶尔也会外穿搭护
①《元代官吏肖像》中穿搭护的人像，安徽博物院藏（图为复制品）
② 穿搭护的明代人画像

◄ 明代搭护形制的变化
① 山东济宁明鲁荒王墓出土搭护实物
② 宁夏盐池冯记圈明墓1号墓出土如意云纹绫搭护实物，可以看到袖根和腰围处的宽松趋势，并且摆的形状也发生了变化

2. 对襟的罩甲及其同类服饰辨析

和搭护有些相似的另一种短袖或无袖的衣服叫作"罩甲"，这是一种外穿的对襟服装。有关罩甲和比甲、对襟衣的关系，目前还存在分辨不清晰的情况。特别是对于比甲原始形制的识别，由于早期文献的缺乏，以及明中期开始的明人对比甲和无袖褙子概念的混淆，导致明末清初顾炎武在《日知录》中描述时，已经是混乱无比了。

若纯粹从文字记述来看，对明代罩甲最早的论述是成书于万历年间的《戒庵老人漫笔》，说罩甲"正德间创自武宗"。此书的作者李诩历经明正德、嘉靖、隆庆和万历四朝，所言具有一定可信性。但这样一来，对明代前期男性无袖外穿的对襟服装的识别就造成了困难。

一些观点认为，明前期的这类服装当是发明自元代的"比甲"。有关比甲，最早的文字论述出自《元史·世祖后察必传》，认为这是察必皇后为了便于骑马射箭而发明的服饰，这一服饰的特点是"前有裳无衽，后长倍于前，亦去领袖，缀以两襻"。这里的描述略显抽象，导致对识别元代比甲存在争议。比如学者李莉莎认为《元世祖出猎图》《射雁图》之中，状如裲裆的服饰是比甲。这是符合元史中"去领袖，缀以两襻"的描述的，但是却同目前被识别为明中期女装比甲的北京长辛店618厂明墓出土文物，以及应当更晚时期的江苏常州湖塘拖拉机厂明墓出土女装比甲实物差别明显，而两者与下文中要提及的明前期的男装服饰仍有断腰及下摆处理方面有区别，因此有关"比甲"这类服饰在男装上的流变，或许还有待更多材料加以佐证。

► 台北"故宫博物院"藏《元世祖出猎图》《射雁图》局部，人物所穿可能是元代的一种比甲

▲ 明代中期女装比甲
① 首都博物馆藏北京长辛店 618 厂明墓出土的杂宝花卉纹缎比甲实物
② 江苏常州博物馆藏湖塘拖拉机厂明墓出土的黄缎缠枝牡丹纹比甲实物

　　再来看明代正德年间之前的这类对襟衣物情况。《明太祖实录》中洪武二十六年（1393），"禁官民步卒人等服对襟衣，唯骑士许服，以便于乘马故也，其不应服而服者，罪之"。可见在当时观点看来，这种对襟的衣服应当是同其他在明初被禁止的衣服一样，属于胡服的范畴，但是因为骑马方便，同曳撒一样被保留在军容服饰之中。在宣德皇帝的诸多出行、狩猎画像中，可以看到身着黄色方领罩甲的皇帝形象，其服饰腰间的打褶效果，也可以从同期明代画像、人俑上看到。

▲ 明代对襟衣
① 北京故宫博物院藏明商喜《宣宗行乐图》局部
② 北京故宫博物院藏《明宣宗射猎图》局部，可以看到明宣宗这件罩甲或对襟衣下摆前有打褶，两侧开衩而后身通裁
③ 北京故宫博物院藏明佚名《婴戏图》局部，可以看到着绿色罩甲或对襟衣的幼儿形象，此件罩甲或对襟衣下摆有打褶，两侧并不开衩
④ 身着罩甲或对襟衣、搭配小帽的明代人俑仆役形象

◀ 对襟衣的一些特殊款式

① 明佚名《射猎图》局部，人物所穿为长袖对襟衣

② 明《丰山恩荣次第图册》局部，人物着接近于短款对襟铠甲式上衣加甲裙（即古代甲胄对腰部及下部分进行防护的两片裙状甲）的服饰，更能看出这一服饰与戎装之间的关系

那么如何理解这类对襟衣与《戒庵老人漫笔》中说正德年间发明的罩甲的关系呢？《戒庵老人漫笔》对罩甲的定义是"比甲稍长，比袄减短"，这种罩甲因皇帝本人的喜好而得到大力推广。《明武宗实录》记录"正德十一年……上好武，特设东、西两官厅于禁中，视团营……上亲阅之，其名曰过锦，言望之如锦也。诸军悉衣黄罩甲，中外化之。虽金绯盛服者，亦必加此于上。下至市井细民，亦皆披化之"。

画像中常出现的明正德以后的罩甲多为长款、上下通裁，通过侧、后开衩的方式增加活动余量。可能这就是正德皇帝基于用在戎装便服之中的对襟衣而固定下来的罩甲款式。在正德帝推广罩甲之初，明代的官员们还因为嫌弃这是杂役士卒的衣服而不肯穿着迎驾，但很快这类衣服就得到推广，"其后巡狩所经，督饷侍郎、巡抚都御史无不衣罩甲见上者"，乃至于后来士大夫们也热衷于穿着罩甲了。

▲ 同军事紧密相关的罩甲的使用场合

①② 山东青岛即墨区博物馆藏明《蓝章战功图》局部

③④ 台北"故宫博物院"藏明万历皇帝《出警入跸图》中着罩甲的红盔将军和其他士卒

▲ 美国旧金山亚洲艺术博物馆藏明万历罩甲

（三）明代常见首服：六合一统帽与四方平定巾

1. 小帽与巾

明代建立之初，洪武帝对首服也做出了规定，士庶阶层最常见的首服是小帽或民巾。

小帽，又称六合一统帽，按明陆深《豫章漫抄》载，小帽是洪武皇帝发明的，因为"以六瓣缝合，下缀以檐如筒"，所以得名六合一统。小帽在明代有着各种材质和款式，有纱有缎、高矮各异，有一段时间还流行过尖顶的款式。小帽的使用一直延续到清代，只是由于发型原因清代小帽高度降低，且增加了明代不使用的帽正。

在明代，庶人、仆役常以小帽及青黑色直裰、贴里作为正式搭配，为方便活动衣长一般较短，小腿处会露出裤、袜。

▲ 头戴小帽的明代人物形象
① 美国国立亚洲艺术博物馆藏《颍国武襄公杨洪像》局部
② 台湾何创时书法艺术基金会藏明《士人像》局部
③ 中国国家博物馆藏明《丰山恩荣次第图册》之《点选官军》
④ 英国大英博物馆藏明朱邦《明代宫城图》局部

　　虽说士庶连称，但士人与百姓的首服还是会有所区别。《明史·舆服志》中记录"洪武三年，令士人戴四方平定巾"。四方平定巾实则就是宋元时期流行的那种扎巾、老人巾，按顾炎武《日知录》中的说法，元末明初文人杨维桢头戴方巾见太祖朱元璋，朱元璋问这是什么，对答曰四方平定巾，因此得名。明代中期以前，四方平定巾几乎都是主流的头巾样式，而此后则花样百出起来。明代吏巾是民巾搭配帽翅的组合，以区别于头戴乌纱帽的官员，而比吏等级再低的政府工作人员，就戴不加帽翅的民巾，搭配革带、靴子使用。

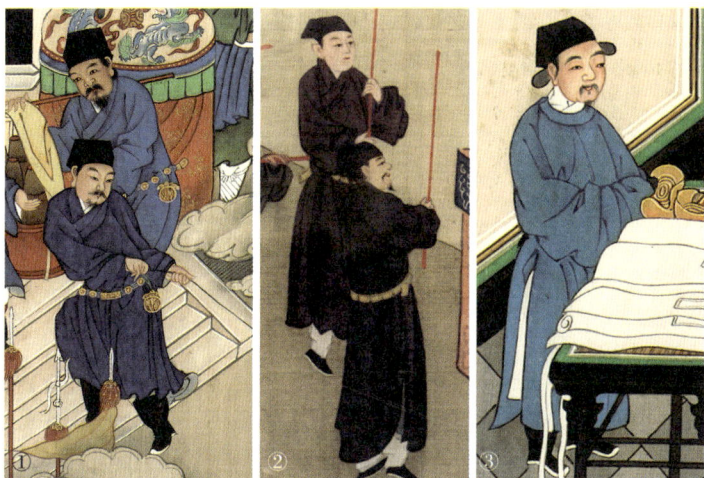

▲　明代四方平定巾，图①②为民巾，图③为加了帽翅的吏巾
① 中国国家博物馆藏明《丰山恩荣次第图册》之《钦赐羊酒》局部
② 山东济南平阴县博物馆藏明于慎行《东阁衣冠年谱画册》局部
③ 中国国家博物馆藏明《丰山恩荣次第图册》之《职掌十库》局部

2. 固定头发的网巾

　　明朝人并不会直接在头上戴帽或巾，而是在帽、巾之下多加一种叫作"网巾"的用来固定头发的发网。

网巾是在明初才进入日常服饰体系中的，明中期郎瑛所著《七修类稿》中提及，明太祖到祭祀天地的神乐观视察，看到有道士在对着灯编网，就问他这是什么，道士回答说是网巾，用来包裹头部以避免碎发垂下，使发型显得更加整齐。朱元璋认为这种戴网巾的方式很好，于是第二天就"取巾十三顶颁于天下，使人无贵贱皆裹之也"。

此后，裹在头上的网巾就成了明代男性必不可少的一件首服，并影响到朝鲜与越南等国家。当时的男性成年后几乎日常都在用，很少摘下网巾单独着帽、巾，甚至在这一时期的书籍插画中，偶尔还能看到有人睡觉时也头裹网巾的情形。

▲ 北京明定陵出土明代网巾实物复制品

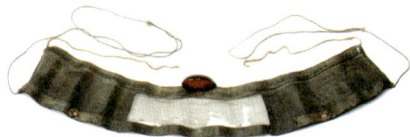

▲ 韩国国立民俗博物馆藏朝鲜王朝时期的网巾，这与明代所使用的网巾有一定差异，基本是上下平齐的状态，两侧镶有边幅。需要提醒读者注意的是，由于早期朝鲜王朝的网巾是受明代影响而产生的，故而相对早期的一些朝鲜王朝墓葬中亦出土了与明朝网巾相近的实物

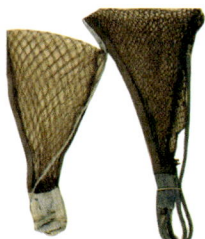

▲ 法国巴黎凯布朗利博物馆藏越南阮朝时期的网巾，此类网巾与明后期网巾有一定相似性，但也具有差异：越南网巾的网眼相较明朝颇为稀疏，对此，清同期的朝鲜王朝历史学家柳得恭在《热河纪行诗注》便吐槽见到的越南西山朝使者的网巾"其网太疏，又不能紧裹"。另外在越南，人们戴帽时会外露网巾下缘

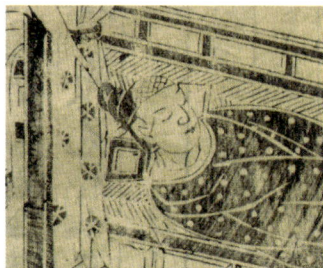

▲ 明刻本《钱塘梦》一折中表现人物小憩的画面，其头戴网巾
图片来源：筋深之渊

使用网巾也成了区分明朝人和周边少数民族的一个指标。明中晚期时，由于明代的军功是以作战时斩敌方首级的数量来衡量的，因此难免会出现"杀良冒功"的事，这时用来核验所获首级是否属实的一条标准就是查看是否有佩戴网巾导致的勒痕。明中期的贺钦在《医闾漫记》中就提到，明宪宗成化年间对女真作战时，"逆天者至杀汉人以图功"，为了躲避网巾勒痕的检验，就"烟火薰其网痕，致令漆黑"。明清之际的李清在《三垣笔记》之中也提及"兵以杀良为功，有以湿草鞋击去网巾痕"。

这些都能印证网巾在明朝男性中的普及，而此时周边的少数民族并不使用网巾。

清初戴名世有《画网巾先生传》一文，来铭记三位不愿降清、剃发易服的明代遗民。他们一直坚持穿明代服装，即使被捕后又被"去其网巾"，也要用笔墨在额头画出网巾的样子，因为对他们而言网巾是"我太祖高皇帝创为之也"，具有"今吾遭国破即死，讵可忘祖制乎"的郑重意义。

明代的网巾有实物出土，可以看出其也经历过不同时期的变化。明前期的网巾，明末学者王逋在《蚓庵琐语》中描述为"其式略似渔网，网口以帛缘边，名边子。边子两幅稍后缀二小圈。用金玉或铜锡为之；边子两头各系小绳，交贯于二圈之内，顶束于首，边于眉齐。网颠统加一绳，名曰网带，收约顶发，取'一网立而万法齐'之义。前高后低，形似虎坐，故总名虎坐网巾"，是一种上下分层、两侧收口的结构。按照当时明代的审讯规矩，囚犯要脱去网巾，在明熹宗天启年间（1621—1627），"囚苦仓促间除网不及，削去网带，止束下网"，称作懒收网。这种样式很快在民间普及开，到了明思宗崇祯年间，已经"天下皆戴懒收网，网带之制遂绝"。

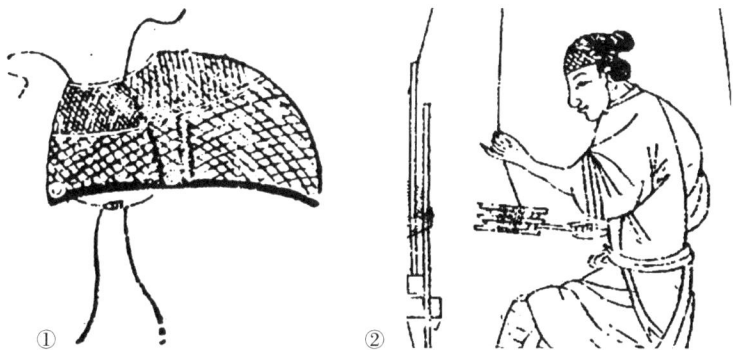

▲ 明代网巾的简化趋势
① 明王圻、王思义《三才图会》中描绘的明代网巾。这种网巾以马尾或丝线甚至头发制成，分上下两部分同时覆盖额头和头顶头发，应当就是明末王逋《蚓庵琐语》所说的"虎坐网巾"
② 明宋应星《天工开物》中的插图，此书初刊于明崇祯十年（1637），当时的网巾则只覆盖额头而露出头顶的头发了，这应当是"懒收网"的形态

从使用场合来看，虽然当时几乎成年男性人人使用，但在正式的场合里，网巾并不会外露，而是在各类巾、帽之下使用，只有道士或希望表明自己无涉世事的"山野之人"以及一些仆役工人，才会直接使用网巾和束发小冠作为最外面的首服。不过亦有不拘小节或希望彰显自己与众不同之人，偶会歪戴巾、帽，露出一小截其中的网巾来。

◀ 佳士得拍品图册中着道士服装的明成化皇帝画像，可以看到网巾与束发小冠的组合

◀ 在各类巾、帽之下使用的网巾
① 山西忻州定襄县洪福寺的明代塑像，可以看到乌纱帽下露出边缘的网巾
② 山西朔州宝宁寺明代水陆画中着大帽的人物，亦可以看到大帽下的网巾边缘

二、明嘉靖以后到明晚期的士庶服饰

随着经济恢复、城市发展，到了嘉靖以后的明中晚期，人们的服饰风格发生了显著变化，这种变化又以明神宗万历后期至明熹宗天启年间为界限。

嘉靖以来，追求奢华、衣必求贵的风尚从南北两京和江南地区流行开来，人们的衣着开始追求面料的奢华、色彩与纹饰的华丽。万历年间，随着朝廷管理的散漫，风气也愈发自由，此前受到禁止的丝绸、织锦等面料逐渐成为几乎人手必备的衣料，红色、绿色这类鲜艳颜色成为风尚；而那些过去只有高级官员才能使用的蟒、翟鸟、麒麟等纹样也在以"擦边"的方式成为人们日常使用的图案。这样的"花团锦簇"在明熹宗天启年间达到顶峰，当时由于受到权重一时的太监魏忠贤等人的推崇，甚至出现了在"贴里膝襕下加一襕，名曰三襕"这样繁复夸张的装饰效果。物极必反，到明思宗崇祯年间，服饰风格突然转向淡雅朴素，各种低饱和度的间色乃至白色成为主流，大而疏朗的纹样取代了此前细密的风格，一直延续到清代康熙前期。

明中晚期，随着士大夫阶层地位的提高，以及嘉靖以来同北方蒙古关系的紧张，再加上嘉靖帝本人对服装复古风格的喜好和极力推崇，此前和军容、元代相关的曳撒就不再是最受欢迎的服饰了，直身和道袍成为流行的日常便服。

▶ 着道袍、戴乌纱帽的明代大臣申时行画像

明代官员日常坐堂时也会戴冠，但着便服并且不束腰带，这样的穿法颇有种如今穿衬衫但不穿西装外套不打领带的休闲感

（一）道袍和直身

作为明代中后期非常流行的两款日常服饰，道袍和直身乍一看是非常相似的，都是上下通裁、右衽交领、长袖的袍服，区别主要在于道袍内钉暗摆，而直身带有外摆。

1. 风流雅致的道袍

道袍不是道士着装，而是直裰一类衣服的变体。明范濂《云间据目抄》中记录"隆（庆）、万（历）以来，皆用道袍……乃其心好异，非好古也"，而其中"儒童年少者，必穿浅红道袍。上海生员，冬必服绒道袍"。明嘉靖以后，道袍作为男子便服盛行一时，北京明定陵中有多款万历皇帝的道袍实物出土。

从结构上来说，道袍虽然两侧开衩，但是在身后两侧有重叠的暗摆，通过摆这一结构避免行进、运动时露出内部裤子或其他衣服，是士人表示礼仪的需求。

明穆宗隆庆（1567—1572）、明神宗万历时期（1573—1620）的道袍，袖子虽然已经比明前期那种弓袋袖型宽博不少，但袖宽大约也只有 35 ~ 40 厘米，袖子基本为直袖，在靠近袖口部位有弧度，袖口收祛，这样的款式（相较于晚明）还是被称作"小袖"的。

大约从明熹宗天启时期（1621—1627）开始，如《酌中志》中所说"其袖有大至二尺七八寸者，可笑莫此为甚"，明末清初西周生的小说《醒世姻缘传》也描述过这种大袖子的道袍风气："十八九岁一个孩子，……穿了一领鹅黄纱道袍，大红缎猪嘴鞋，有时穿一领高丽纸面红杭绸里子的道袍，那道袍的身倒只打到膝盖上，那两只大袖倒拖到脚面。"这种袖子宽度可达 54 ~ 70 厘米（不过通常在 1/3 处向下封口收祛，只保留实际口宽在 18 ~ 25 厘米），就相对地被看作"大袖"了。从下图两件孔府旧藏道袍的对比就能看出袖子宽度的变化。

▲▶ 孔府旧藏明代小袖和大袖道袍示意图

▲ 明代画家曾鲸为张卿子、王时敏所画的肖像，两人均着大袖道袍

对于道袍，当时人们通常会搭配白色护领穿着（明代几乎不见日常使用其他颜色护领，只有僧道会使用黑色作为区分）。明末清初叶梦珠在《阅世编》中记录"良家清白者，领上以白绫或白绢护之"，作为和只穿"青衣，领无白护"的仆隶乐户的身份区分。只不过后来这种区分也逐渐被抛弃，庶民也都使用护领，甚至贫穷者还要"乏领缘，截白楮（白皮纸）代之"。如下图和本文中诸多实物可见，明代护领有宽有窄，即使宽护领也一般略短于衣领。

◄ 宽窄各异的护领

　　除了护领，一些道袍也会缀上补子作为正式场合的衣服使用。《酌中志》提及宫中内侍所穿就是"如外廷道袍之制，唯加子领耳，间有缀补"的衣服。孔府旧藏也有缀补子的道袍。一些道袍受到这一时期忠静冠服和深衣的影响，会在腰间采用束结或系纽扣的大带和丝绦，同样是虚束而并不强调腰线。它们乍一看和忠静冠服十分相似，只不过从收祛和暗摆的处理方式还能看出是道袍。

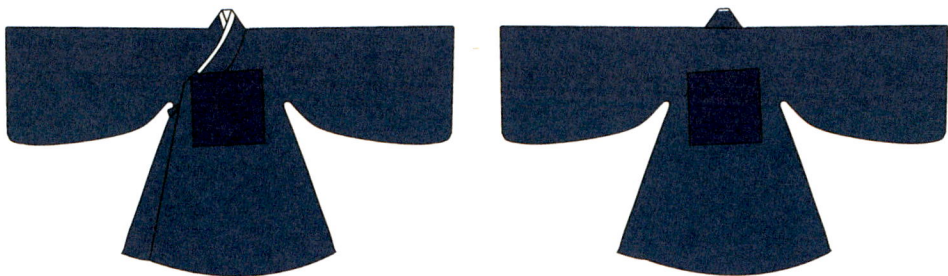

▲　山东曲阜孔子博物馆藏明蓝晴花纱缀绣仙鹤补服正背面示意图
注：长期有观点认为这件服饰是忠静冠服，但实际上其下摆的剪裁方式仍属于道袍，应当只是一件模仿忠静冠服风格的道袍

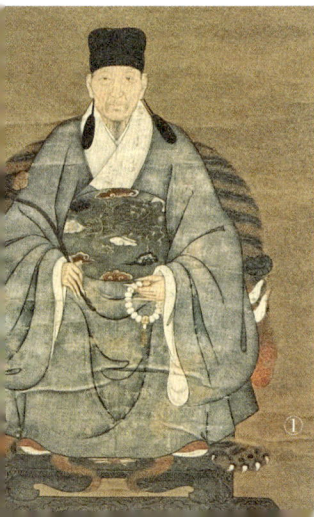

◄　增加了大带和补子的道袍，可以通过它们搭配的是巾而非冠来辅助识别
① 福建福州福清侨乡博物馆藏明魏之琰画像
② 明徐璋《松江邦彦画像之章旷像》

2. 可内穿可外穿的直身

直身也和道袍十分相似，就连人们自己的描述也是"直身，制与道袍相同，唯有摆在外"。直身的袖子和道袍的发展趋势相似，而外摆则从明嘉靖、万历年间的平摆逐渐发展为晚明高耸锐利的尖摆。

如上一节补服中提到的，到了明中晚期，出现了以直身取代贴里和搭护作为圆领袍内搭的风尚。但直身也可以外穿，如《徐显卿宦迹图》中锦衣卫堂上官的常朝着装就是以缀有补子的红色直身搭配乌纱帽，一些官员也会将此作为相对便利的着装，搭配大帽或乌纱帽公干骑马时穿着。

▲ 明代官员的红色直身袍
① 明余士、吴钺《徐显卿宦迹图之金台捧敕》
② 中国国家博物馆藏《丰山恩荣次第图册》局部
③ 明于慎行《东阁衣冠年谱画册》局部

▲ 北京明定陵出土直身，可以看到两侧有明万历时期流行的平摆

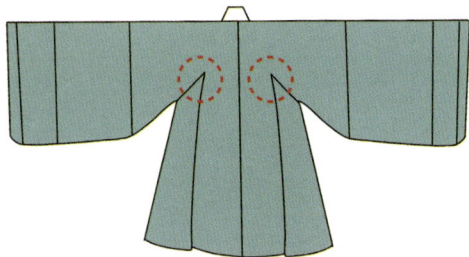

▲ 孔府旧藏明代带尖摆的直身示意图

（二）斗篷、披风和大氅

说到披风，很多读者心目中会想到一块披在身后的布，像电影中的超人那样。这种衣服其实是清代人常穿的斗篷类服装（明代并不常用），搭配兜巾在雨雪天气使用。

明朝人所说的披风，是一种明中后期流行的两侧开衩、对襟直领的长袖外衣，衣襟用系带或纽扣固定，男女通用，一直延续到清代。

这种披风，同宋代人穿的褙子有一些相似之处。明张岱在《夜航船》中说："（披风）如背子制较长，而袖宽于衫。" 明朱之瑜的《朱氏舜水谈绮》中也有"披风对衿而无镶边……膺有纽扣，用玉作花样，或用小带亦可"。

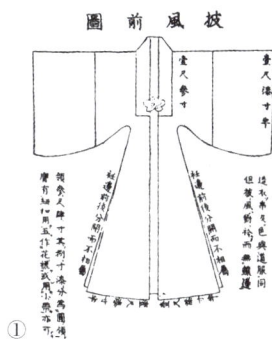

▲ 明代披风
① 明朱之瑜《朱氏舜水谈绮》中的披风图样
② 江西南城明益宣王墓出土披风实物

常容易和披风产生混淆的另一款衣服是大氅。氅衣和披风在款式上有些相似，也是对襟的长袖外衣，衣襟用带系结，但是氅衣一般会有异色（通常是深色）缘边，两侧一般不开衩。即使这样描述，氅衣和披风还是很容易产生混淆，其实在实际流转和融合的过程中，也有并不符合上述区分的衣服存在。不过从历史流变的角度讲，披风在明人自己看来是从宋代褙子发展过来的，所以精髓在于同褙子一样的侧开衩，而氅衣是从晋代鹤氅经由宋代发展而来的，所以精髓是有仿鹤羽的异色镶边。

▲ 画像中的明代披风
① 北京故宫博物院藏明《李流芳自画像》局部
② 中国国家博物馆藏清黄梓《郑成功像》局部

▲ 明代大氅
① 明中期官员王鏊便
服像
② 美国弗吉尼亚美术
馆藏晚明儒士像

（三）搭配道袍的头巾

明中后期，特别是明晚期，款式繁多的文人巾取代小帽和单一的方巾成为流行。巾帽上还常装饰玉件，如玉巾环、玉花瓶等，甚至出现了如朱术珣《汝水巾谱》这样的时尚指南。这里选取《汝水巾谱》中一些常见的文人巾，结合相应明朝人肖像画进行展示，帮助读者直观了解。

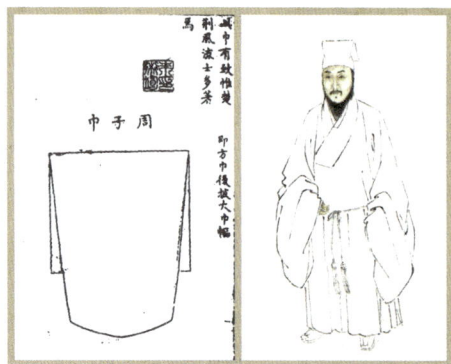

▲ 周子巾

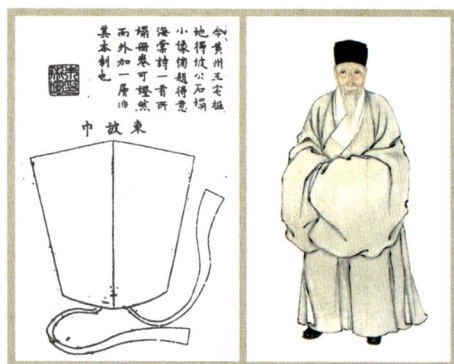

▲ 东坡巾

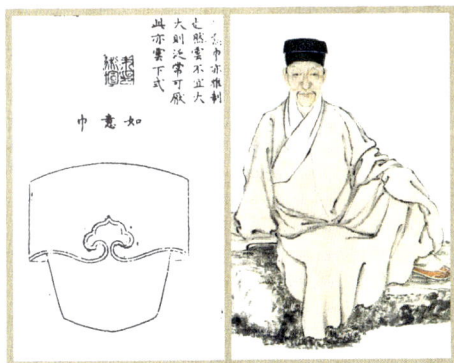

▲ 如意巾

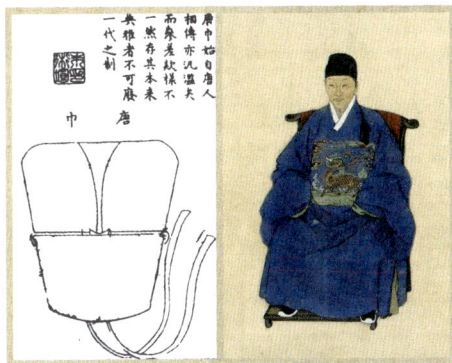

▲ 唐巾

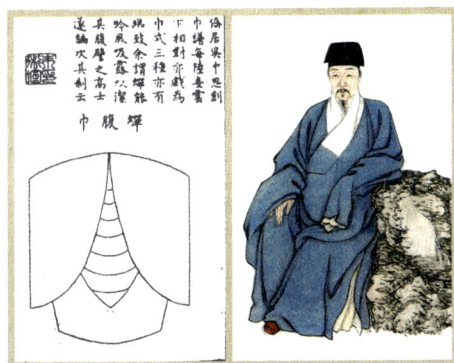

▲ 蝉腹巾

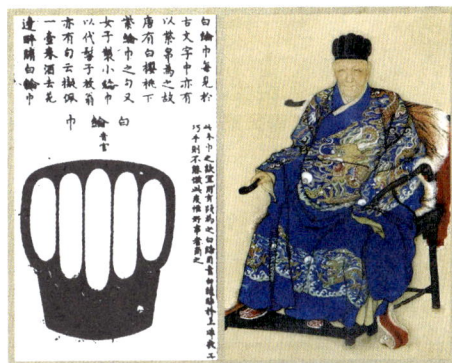

▲ 绖巾

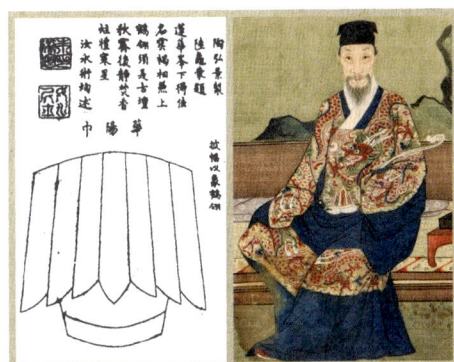

▲ 华阳巾

后记

尽管或许历朝历代的服饰在我们心目中都会有一个最鲜明突出的款式，然而中国古代服饰的发展并非按照朝代呈割裂、孤立的现象，而是充满了复杂的历史联系，是文化不断交融的过程。于是，"与其介绍历代服饰是什么，不如理解历代服饰为什么会这样呈现"的想法蹦了出来，这也成为这本书的写作主线。

服饰时尚潮流的变化是快速的，但其背后的演进逻辑变化往往是一个缓慢而渐进的过程，它不仅是某一特定时间段一种外在的形式表达，更是长期社会结构、文化观念、政治制度和经济发展等多个因素共同作用的结果。所有这些都展示出服饰与历史、礼制、审美、地域、文化之间密不可分的联系，体现了文化和历史发展的连续性。因此，在理解或研究古代服饰时，我们不应把思路局限于某个朝代或某个地域，而应从宏观的视角出发，去探讨服饰本身的发展与变化面临怎样的需求、获得怎样的新技术或是要应对怎样的问题。只有这样，才能更全面地理解古代服饰的演变规律。

在完成本书的过程中，笔者深知古代服饰的广泛性和复杂性，尽管尽力收集了大量文献和考古材料，力求呈现出一个系统、清晰的服饰脉络，但仍有三点需要反思和自我批评：

首先，为了保持主线的清晰性和连贯性，不得不在服饰的介绍上有所取舍。中国古代服饰体系博大精深，种类繁多，从日常服饰到礼仪服饰、从平民装束到帝王华服，各有其丰富的文化内涵。由于篇幅限制，某些具体的服饰形制和搭配方式未能详尽阐述，笔者对此深感遗憾。

其次，正如前言所述，服饰史是一门与考古、历史、服饰等多学科交叉的领域。本书所依据的文献和考古资料虽然在撰写时是尽可能全面和充分掌握的，然而随着旧有材料新数据的发布和研究的推进，以及考古新发现的不断涌现，本书中部分推测可能会在将来得到修正或补充。书中内容若有错漏，还望读者批评指正。

最后，科普写作与学术论文有着本质的不同，在通过清晰、简洁的语言将学术成果传递给更广泛的读者群体这一点上，笔者自觉是有不足的，对于晦涩行文而导致的阅读中可能遇到的理解困难，笔者在此深表歉意。

服饰史的学习与本书的写作，是建立在诸多前辈学者和民间爱好者的研究的基础上的，是大家的热爱与探索为后继者们奠定了坚实的基础，推动了古代服饰研究的进程，促成了今日中国古代服饰研究成果的百花齐放。

在本书的撰写过程中，罗天宇、吴鸿宇、朱镜思、大明风物志、觞深之渊等同志提供了图片支持，沈小鸥、张正夫、无劫缘同志阅读了全文并给出了宝贵的修改建议。没有他们，这本书不可能顺利完成，笔者在此深表谢意。

希望这本书可以为中国古代服饰爱好者打开理解古代服饰的大门，提供一种解读的思路，相信服饰研究的未来将更加丰富多彩。

王锡礼

2025 年 6 月

参考文献

［ 1 ］孙机 . 中国古舆服论丛（增订本）［ M ］. 北京：文物出版社，2001.

［ 2 ］顾森，胡广跃 . 中国汉画大图典［ M ］. 西安：西北大学出版社，2022.

［ 3 ］豆海锋，丁利娜 . 北方地区东周时期环状青铜带扣研究［ J ］. 边疆考古研究，2007（00）：
198-213.

［ 4 ］陕西省考古研究院 . 壁上丹青：陕西出土壁画集［ M ］. 北京：科学出版社，2009.

［ 5 ］张玲 . 东周楚服结构风格研究［ M ］. 北京：中国传媒大学出版社，2016.

［ 6 ］左骏 . 对羊与金珰——论战国至西汉羊纹金饰片的来源与器用［ J ］. 故宫博物院院刊，
2020（11）：56-74.

［ 7 ］信晓瑜 . 公元前 2000 年到公元前 200 年的新疆史前服饰研究［ D ］. 上海：东华大学，
2016.

［ 8 ］崔圭顺 . 中国历代帝王冕服研究［ M ］上海：东华大学出版社，2008.

［ 9 ］倪润安 . 北魏洛阳时代墓葬文化分析［ J ］. 故宫博物院院刊，2010（04）：96-128.

［10］许李逍 . 北魏世俗人物服饰及复原研究［ D ］. 上海：东华大学，2023.

［11］徐晓慧 . 六朝服饰研究［ M ］. 济南：山东人民出版社，2014.

［12］韩旭辉，乔洪，吕轩，等 . 从长安到奈良：唐代男子半臂新考［ J ］. 装饰，2022（12）：
118-123.

［13］赵丰，齐东方 . 锦上胡风：丝绸之路纺织品上的西方影响 .（4—8 世纪）［ M ］. 上海：
上海古籍出版社，2011.

［14］赵丰 . 唐系翼马纬锦与何稠仿制波斯锦［ J ］. 文物，2010（03）：71-83.

［15］李薏 . 展篿与金蝉：唐代进贤冠样式的演变［ J ］. 美术大观，2023（06）：141-145.

［16］张鸿修 . 中国唐墓壁画集［ M ］. 广州：岭南美术出版社 .1995.

［17］吴比 . 东坡巾源流：古代士人对帽的接受与改造［ J ］. 深圳大学学报（人文社会科学版），
2023（02）：131-143.

［18］季晓芬，陈斯雅，蔡丽玲 . 宋代公服金革带的形制及多元文化内涵研究［ J ］. 丝绸，
2024（07）：125-132.

［19］李莉莎 .《元世祖出猎图》服饰考［ J ］. 艺术设计研究，2023（03）：31-37.

［20］冯秋蕾 . 北京服装学院民族服饰博物馆藏辽代石青花树对禽纹锦袍研究［ D ］. 北京：北京
服装学院 .2020.

［21］杨雪 . 对西冯封村砖雕乐舞俑腰衣款式结构的质疑与考辨［ J ］. 装饰，2021（11）：
90-95.

［22］孙昊.说"舍利"——兼论契丹、靺鞨、突厥的政治文化互动［J］.中国边疆史地研究，
    2014（04）：52-61.

［23］杨雪，刘瑜.丝绸之路出土的异文锦袍与东西方纺织服饰艺术交流［J］.服装学报，
    2021（02）：138-147.

［24］徐冉，高雪洁.明代忠静服制与忠静冠服社会流变研究［J］.艺术设计研究，2023（04）：
    65-72.

［25］蒋玉秋.明鉴：明代服装形制研究［M］.北京：中国纺织出版社，2021.

［26］湖南省博物馆，中国科学院考古研究所.长沙马王堆一号汉墓（上、下集）［M］.北京：
    文物出版社，1973.

［27］内蒙古自治区文物考古研究所.和林格尔汉墓壁画［M］.北京：文物出版社，2007.

［28］湖北省文物考古研究所.江陵九店东周墓［M］.北京：科学出版社，1995.

［29］湖北省荆州地区博物馆.江陵马山一号楚墓［M］.北京：文物出版社，1985.

［30］梁勇，耿建军.江苏铜山县李屯西汉墓清理简报［J］.考古，1995（03）：220-225.

［31］甘肃省博物馆.武威磨咀子三座汉墓发掘简报［J］.文物，1972（12）：9-23.

［32］河北省文物研究所.厝墓：战国中山国国王之墓［M］.北京：文物出版社，1996.

［33］李铭.章丘女郎山［M］.北京：科学出版社，2013.

［34］曹龙.西安泾渭秦墓陶俑的发现与研究［J］.考古与文物，2020（05）：88-95.

［35］中国社会科学院考古研究所，河北省文物研究所.磁县湾漳北朝壁画墓［M］.北京：科学
    出版社，2003.

［36］山西省考古研究所，太原市文物考古研究所.北齐东安王娄睿墓［M］.北京：文物出版社，
    2006.

［37］中国社会科学院考古研究所.北魏洛阳永宁寺1979—1994年考古发掘报告［M］.北京：
    中国大百科全书出版社，1996.

［38］河南省文化局文物工作队.邓县彩色画像砖墓［M］.北京：文物出版社，1958.

［39］罗丰.固原南郊隋唐墓地［M］.北京：文物出版社，1996.

［40］郭永利.河西魏晋十六国壁画墓［M］.北京：民族出版社，2012.

［41］王晓琨，庄永兴，刘洪元，等.内蒙古正镶白旗伊和淖尔M1发掘简报［J］.文物，
    2017（01）：15-34.

［42］高峰，李晔，张海雁，等.山西大同沙岭北魏壁画墓发掘简报［J］.文物，2006（10）：
    4-24.

［43］四川博物院，成都文物考古研究所，四川大学博物馆.四川出土南朝佛教造像［M］.北京：
    中华书局，2013.

［44］冯汉骥.前蜀王建墓发掘报告［M］北京：文物出版社，1964.

［45］陕西省博物馆、礼泉县文教局唐墓发掘组.唐郑仁泰墓发掘简报［J］.文物，1972（07）：
    33-42.

［46］陕西省考古研究院.潼关税村隋代壁画墓［M］.北京：文物出版社，2013.

［47］河北省文物研究所，保定市文物管理处.五代王处直墓［M］.北京：文物出版社，1998.

［48］陕西省考古研究院.西安韦曲韩家湾村两座唐代壁画墓发掘简报［J］.文博，2017（05）：11-20.

［49］郑辉.福州茶园山南宋许峻墓［J］.文物，1995（10）：22-33.

［50］罗火金，王再建.河南温县西关宋墓［J］.华夏考古，1996（01）：17-23.

［51］肖梦龙.江苏金坛南宋周瑀墓发掘简报［J］.文物，1977（07）：18-27.

［52］张良.宋服之冠：黄岩南宋赵伯澐墓文物解读［M］.北京：中国文史出版社，2017.

［53］夏荷秀，赵丰.达茂旗大苏吉乡明水墓地出土的丝织品［J］.内蒙古文物考古，1992（Z1）：113-120.

［54］隆化民族博物馆.洞藏锦绣六百年：河北隆化鸽子洞洞藏元代文物［M］.北京：文物出版社，2015.

［55］赵评春，迟本毅.金代服饰——金齐国王墓出土服饰研究［M］.北京：文物出版社，1998.

［56］内蒙古自治区文物考古研究所，哲里木盟博物馆.辽陈国公主墓［M］.北京：文物出版社，1993.

［57］张海斌.美岱召壁画与彩绘［M］.北京：文物出版社，2010.

［58］于颖，王博.新疆鄯善耶特克孜玛扎墓地出土元代光腰线袍研究［J］.文物，2021（07）：70-82.

［59］陕西省考古研究院.元代刘黑马家族墓发掘报告［M］.北京：文物出版社，2018.

［60］严勇，房宏俊，殷安妮.清宫服饰图典［M］北京：紫禁城出版社，2010.

［61］中国社会科学院考古研究所，定陵博物馆，北京市文物工作队.定陵：中国田野考古报告集考古学专刊丁种第三十六号［M］.北京：文物出版社，1990.

［62］北京市文物工作队.北京南苑苇子坑明代墓葬清理简报［J］.文物，1964（11）：45-47.

［63］山东博物馆，山东省文物考古研究所.鲁荒王墓［M］.北京：文物出版社，2014.

［64］郭亶伯.明代户部尚书马森墓出土丝织品的研究［J］.丝绸，1985（10）：5-7.

［65］周伟民.桐乡濮院杨家桥明墓发掘简报［J］.东方博物，2007（04）：49-57.

［66］宁夏文物考古研究所，中国丝绸博物馆，盐池县博物馆.盐池冯记圈明墓［M］.北京：科学出版社，2010.

［67］山东博物馆，孔子博物馆.衣冠大成：明代服饰文化展［M］.济南：山东美术出版社，2020.

［68］通格勒格.阿尔泰山东麓考古新发现所见蒙元服饰—蒙古国西部地区岩洞墓出土服饰［C].中国博物馆协会服装博物馆专业委员会.服装历史文化技艺与发展——中国博物馆协会第六届会员代表大会暨服装博物馆专业委员会学术会议论文集.内蒙古博物院,2014:79-81.

［69］赵连赏.明代毛纪《四朝恩遇图》人物服饰研究[J].文物,2019(04):51-61.

［70］中国社会科学院考古研究所.赫奕华丽：北魏洛阳永宁寺出土塑像精粹[M].上海：上海书画出版社,2023.